식물은 대단하다

생존을 위한 구조와 지혜

다나카 오사무 지음
남지연 옮김

AK TRIVIA SPECIAL

머리말

이 책은 식물들의 "대단함"을 테마로 삼고 있습니다. 식물들은 이리저리 돌아다니지 않습니다. 목소리도 내지 않습니다. 그런 식물을 보고 "대단하다"는 말이 절로 나오는 것은 한정된 몇 가지 경우입니다.

예를 들어 잎에 내려앉은 파리 등의 작은 벌레를 재빨리 잡아먹는 파리지옥, 건드린 순간 잇달아 잎을 오므리는 미모사, 열매를 만지면 팍하고 씨앗이 터져 나오는 봉선화 같은 식물을 본 아이들은 "대단하다"며 놀랍니다. 흔히 움직이지 않는다고 인식되는 식물들이 예상외로 날렵한 동작을 하기 때문일 것입니다.

아름다움과 화사함이 우리 마음을 감동시켜 "대단하다"는 감탄을 자아내는 식물도 있습니다. 한 그루가 10만 송이 이상의 꽃을 거의 일제히 피우는 벗나무, 밤 10시 무렵부터 달콤한 향기를 풍기며 천천히 크게 개화하는 월하미인, 가을에 산 중턱의 볕이 잘 드는 사면을 새빨갛게 물들이는 단풍 등이 바로 그렇습니다.

또한 아이 두 명이 올라타도 가라앉지 않는 커다란 잎을 가진 큰 가시연꽃, 높이가 115미터를 넘는 나무 세쿼이아, 지름 1미터에 달하는 큰 꽃이 피는 라플레시아 등을 보면 그 크기에 "대단하다"고 깜짝 놀라기도 합니다.

하지만 식물들의 "대단함"은 이처럼 눈에 띄는 곳에만 있는 것이 아닙니다. 아주 평범한 일상 속에 과시되지 않은 채 숨겨진 "대단함"도 있습니다. 가령 식물들이 빛이 비치는 장소에서 하고 있는 「광합성」이라는 작용을 예로 들 수 있습니다.

식물들은 뿌리로부터 흡수한 물과 공기 중의 이산화탄소를 재료로 태양 빛을 이용하여 잎에서 녹말 등을 만들어냅니다. 녹말은 쌀과 보리의 주성분이므로 만약 우리 인간이 이 반응을 흉내 낼 수 있다면 지구 상의 식량 부족 같은 문제에 고민할 필요는 사라질 것입니다.

우리는 「과학이 발달했다」고 자랑합니다. 그러니 식물의 조그만 잎사귀 하나가 매일 태양 빛을 받아 행하는 반응 정도는 간단히 흉내 낼 수 있을 것이라고 생각하기 쉽습니다.

그러나 「비용이 아무리 많이 들어도 상관없으니 물과 이산화탄소를 원료로 태양 빛을 사용해 녹말을 생산하는 공장을 만들어주세요」라고 부탁해도 그것이 가능한 사람은 존재하지 않습니다. 식물의 조그만 잎사귀 하나가 일상적으로 하고 있는 반응을 우리 인간은 흉내 내지 못하는 것입니다. "식물은 대단하다"고 납득하지 않을 수 없습니다.

이 책에서는 주로 이렇듯 평범한 식물들이 뽐내지 않고 감추고 있는 "대단함"에 주목합니다. 푸른 잎의 반짝임과 꽃의 아름다움에 눈길을 빼앗겨 무심코 지나치기 쉬운 식물들의 삶의 "대단함"에 한번 흥미를 가져보세요.

전반부에서는 식물들이 자신의 몸을 보호하는 지혜와 아이디어의 "대단함"을 소개하고 있습니다. 제1장과 제2장에서는 지구 상의 모든 동물에게 식량을 공급하는 "대단함"과 찔리면 아픈 가시, 그리고 우리가 즐기는 맛을 이용하여 잡아먹히지 않고 몸을 지키는 "대단함"을 느끼게 될 것입니다. 제3장에서는 병원균에 감염되지 않도록 향기를 이용하여 몸을 지키는 "대단함"을 맛볼 수 있습니다. 제4장에서는 우리 주변의 여러 식물이 유독한 물질로 몸을 방어하는 "대단한" 모습을 확인해보세요.

후반부에서는 식물들이 환경에 적응하고 역경에 저항하며 살아가기 위해 가지고 있는 구조의 "대단함"에 대해 소개합니다. 제5장에서는 동경하던 태양에게 배신당한 식물들이 그 혹독함에 맞서 살아가는 구조의 "대단함"을 깨달을 수 있을 것입니다. 제6장에서는 더위와 추위라는 역경을 견디며 살아가는 지혜의 "대단함"을, 제7장에서는 식물들의 강한 유대와 씨앗을 만들지 않고도 다음 세대로 생명을 이어가는 저력의 "대단함"을 느꼈으면 합니다.

2012년 7월 11일
다나카 오사무

목차

제1장

내 몸은 내가 지킨다

(1) 「조금이라면 먹어도 괜찮아」

식물들의 성장력은 "대단하다"

양배추 씨앗의 무게는 한 알에 약 5밀리그램입니다. 그리고 1밀리그램은 1그램의 1,000분의 1입니다. 이 씨앗 한 알이 재배되어 싹트고 성장하면 약 4개월 후에는 시장에서 팔리는 크기의 양배추 한 통이 됩니다. 그 무게는 대략 1,200그램 정도입니다.

1,200그램을 밀리그램으로 환산하면 120만 밀리그램입니다. 즉 양배추는 약 4개월 동안 24만 배가량 성장한 것입니다. 「약 4개월 만에 24만 배가 되었다」고 해도 실감이 잘 나지 않을 수 있습니다. 하지만 그것은 1,000엔이 약 4개월 만에 2억 4,000만 엔으로 불어나는 것과 다름없는 수치입니다.

1,200그램짜리 양배추에는 수분이 많이 포함되어 있습니다. 따라서 「포함된 물의 무게를 성장한 양으로 보는 것은 적절하지 않다」는 견해도 있을 것입니다. 맞는 말입니다. 식물이 진짜로 성장한 무게를 측정하기 위해서는 수분을 빼고 건조했을 때의 무게로 나타내는 것이 적절합니다.

양배추의 수분함량은 약 95퍼센트이므로 1,200그램 중 1,140그램이 물이며 나머지 60그램이 성장한 양입니다. 그래도 처음 씨앗의 1만 2,000배가 됩니다. 1,000엔이 약 4개월 만에 1,200만 엔이 된 것이나 마찬가지라고 할 수 있습니다.

양배추의 성장력은 이처럼 "대단"합니다. 성장력이 대단한 것은 양배추만이 아닙니다. 양상추 씨앗 한 알은 약 1밀리그램이고, 시판

될 때의 무게는 약 500그램입니다. 건조해서 함유된 수분을 제거하면 약 25그램이 됩니다. 씨앗 무게의 약 2만 5,000배 정도입니다. 이는 1,000엔이 약 4개월 만에 2,500만 엔이 되는 것과 동일한 성장폭입니다.

무의 성장량도 거의 같습니다. 씨앗 한 알은 약 10밀리그램, 시판되는 무 한 개는 약 1킬로그램이며, 건조한 뒤의 무게는 50그램입니다. 씨앗 무게의 5,000배 정도이므로 약 4개월 만에 1,000엔에서 500만 엔이 되는 것과 비슷합니다.

식물들의 성장력은 "대단"합니다. 이 "대단한" 성장력의 기반이 되는 에너지를 식물들은 어떻게 얻는 것일까요.

양배추 (일러스트 · 호시노 요시코(星野良子))

아무것도 먹지 않고 살아가는 식물들은 "대단하다"

모든 동물들이 생명을 유지하고 성장하는 데는 에너지가 필요합니다. 그 에너지를 얻기 위한 먹이를 찾아 동물은 이리저리 움직여 다닙니다. 동물과 마찬가지로 식물도 살아 있으며 엄청난 속도로 성장합니다. 그러니 식물들에게도 에너지가 필요할 것입니다.

하지만 보통 식물들이 먹이를 먹는 모습은 볼 수 없습니다. 이리저리 먹이를 찾아다녀야 하는 동물 입장에서는 「식물은 돌아다니며 먹이를 구하지도 않는데 어떻게 에너지를 얻고 있는 것일까」 하고 궁금해할지도 모릅니다.

사실 식물들은 뿌리로부터 흡수한 물과 공기 중의 이산화탄소를 재료로 태양 빛을 이용하여 잎에서 포도당과 녹말을 만들어냅니다. 이 작용을 「광합성」이라고 합니다. 광합성으로 만들어지는 포도당과 녹말이야말로 생명을 유지하고 성장하는 데 필요한 에너지의 원천이 되는 물질입니다.

녹말은 우리 인간의 주식인 쌀과 보리, 옥수수 등의 주성분입니다. 감자와 고구마에도 많은 녹말이 함유되어 있는데, 감자에 함유된 녹말은 쉽게 추출할 수 있습니다.

강판에 간 감자를 무명천으로 감싸 물이 든 용기에 넣고 주물러줍니다. 시간이 조금 지나면 하얀 앙금이 용기 바닥에 침전됩니다. 그러면 위의 맑은 물을 버리고 새 물을 부어 다시 침전되기를 기다립니다. 이 과정을 몇 번 반복하는데, 하면 할수록 침전물은 정제됩니다. 마지막에 바닥에 쌓인 흰색 침전물을 말리면 보슬보슬 새하얀 가루를 얻을 수 있습니다. 그것이 감자녹말입니다.

같은 방법으로 얼레지의 뿌리에서 추출한 것이 얼레짓가루, 칡뿌리에서 추출한 것이 갈분(葛粉), 고사리의 지하부 줄기에서 추출한 것이 고사리녹말입니다. 본래 얼레짓가루와 갈분, 고사리녹말의 원료는 얼레지, 칡, 고사리가 되어야 할 것입니다. 그런데 최근에는 원료인 이들 뿌리를 구하기 힘들어져 감자나 고구마의 녹말을 대신 사용하고 있습니다. 시판되는 얼레짓가루를 구입할 기회가 있다면 원재료명을 확인해보세요. 「감자녹말」 혹은 단순히 「녹말」이라고만 적힌 것이 많을 것입니다.

녹말은 포도당이 결합하여 배열된 물질입니다. 그리고 이 포도당이 바로 직접적인 에너지의 근원이 됩니다. 질병으로 식욕이 없어져 병원에 가면 영양 보급을 위해 점적주사를 맞습니다. 점적액이 담긴 비닐 팩에는 안에 어떤 성분이 들었는지 적혀 있습니다. 그러한 기회는 없는 것이 좋겠지만, 만약 점적주사를 맞을 일이 있다면 팩에 적힌 글자를 한번 읽어보세요. 「포도당」 혹은 영어로 「글루코스」라고 적혀 있을 것입니다.

우리는 녹말을 먹고 포도당을 분해하여 에너지원으로 사용합니다. 「소화하다」라는 단어가 있는데 「녹말을 소화한다」는 것은 포도당의 결합체인 녹말을 쪼개 포도당을 얻는 과정을 가리킵니다.

식물들은 물과 이산화탄소로 포도당을 만들 때 빛 에너지를 이용합니다. 그 결과 빛 에너지가 포도당 속에 저장되며, 우리는 섭취한 포도당을 몸속에서 분해합니다. 그리고 그 과정에서 방출되는 에너지는 바로 사용되기도 하고 몸속에 저장되기도 합니다.

포도당에서 얻어진 에너지는 우리가 걷거나 달리기 위한 에너지로 사용됩니다. 또한 성장하고 몸을 유지하기 위한 물질을 만드는 데도 일조합니다. 포도당은 저장되어 있던 에너지가 전부 소비되면 원료인 본래의 물과 이산화탄소로 돌아가 몸 밖으로 배출됩니다.

식물들은 에너지원인 포도당과 녹말을 스스로 만들어내므로, 아무것도 먹지 않고 살아갈 수 있는 것입니다. 먹이를 찾아다녀야 하는 동물을 보고 식물들은 「부지런히 움직이지 않으면 살아갈 수 없는 불쌍한 생물」이라고 생각할지도 모릅니다.

필요한 영양분을 스스로 생산할 수 있는 식물들은 "대단하다"

그런데 동물이 먹이를 먹는 것은 에너지원인 녹말과 포도당을 섭취하기 위해서만이 아닙니다. 우리는 음식과 성장과 건강의 관계를 잘 알고 있습니다. 성장하고 건강하게 살아가기 위해서는 녹말뿐만 아니라 단백질과 지방과 비타민 등이 필요합니다. 그래서 우리는 고기와 과일과 채소를 먹습니다. 하지만 식물들은 이것들을 먹지 않습니다.

과일과 채소는 식물의 일부이므로 식물들이 먹지 않는 것이 그리 이상한 일은 아닐지도 모릅니다. 그러나 고기는 동물의 일부이기 때문에 「식물이 성장하고 건강하게 살아가려면 고기를 먹어야 하는 것이 아닐까」 하는 의문이 떠오릅니다.

우리가 소나 돼지, 닭, 생선 등의 고기를 먹는 것은 단백질을 섭취하기 위해서입니다. 다만 소나 닭 등의 단백질이 그대로 쓰이는 것은 아닙니다. 우리 몸에서 작용하는 단백질을 만들기 위한 재료가 필요합니다.

단백질이란 아미노산이 결합되어 배열된 것입니다. 따라서 단백질을 만들기 위해서는 아미노산이 있어야 하는데, 우리 인간은 아미노산을 만들어낼 수 없습니다. 그래서 단백질을 먹고 그것을 소화시켜 아미노산을 얻는 것입니다. 우리는 그 아미노산을 재배열하여 우리에게 필요한 단백질을 만들어냅니다.

하지만 식물들은 스스로 아미노산을 생성할 수 있습니다. 그러므로 고기를 먹을 필요가 없습니다. 바꿔 말해 식물들은 고기를 먹지 않고도 고기의 성분인 아미노산을 얻을 수 있다는 뜻입니다.

단, 식물들이 아미노산을 만들기 위해서는 질소라는 양분이 필요합니다. 질소는 아미노산을 구성하는 원료로서, 야생에서 자생하는 식물들은 뿌리를 통해 땅속에서 질소를 흡수합니다.

우리가 식물을 재배할 때는 질소비료인 질산칼륨이나 질산암모늄 등을 땅에 뿌립니다. 식물들은 그것을 흡수하여 아미노산을 만들고 자신에게 필요한 단백질로 합성합니다.

「식물이 아미노산을 만들기 위해 질소를 흡수해야 한다면, 인간이 아미노산을 얻기 위해 단백질을 섭취하는 것과 별 차이 없지 않은가」 생각하는 독자도 있을 것입니다. 그러나 인간은 아미노산의 원료인 질산칼륨이나 질산암모늄이 있어도 아미노산을 만들어낼 수 없습니다. 그렇기 때문에 완성된 아미노산을 단백질 형태로 섭취할 필요가 있는 것입니다.

반면에 식물들은 아미노산을 만들어내는 구조를 가지고 있어 몸의 각 부분이 정상적으로 기능하는 데 필요한 단백질을 스스로 생산합니다. 또한 성장하고 건강하게 살아가기 위해 필요한 지방과 비타민 등도 생산 가능합니다. 그래서 아무것도 먹지 않고 쑥쑥 자랄 수 있는 것입니다.

모든 동물에게 식량을 공급하는 식물들은 "대단하다"

이처럼 식물들은 자신이 필요로 하는 물질을 스스로 만들어냅니다. 그러므로 식물들은 동물이 없어도 살아갈 수 있습니다. 이것만 가지고 식물과 동물 중 어느 쪽이 "대단한지" 결정할 필요는 없지만, 그래도 식물들의 "대단함"은 충분히 전해지지 않았을까 합니다.

식물들은 그들 자신뿐만 아니라 지구 상 모든 동물의 식량을 공급하고 있습니다. 우리 인간도 식량을 식물에 의존합니다. 「우리를 비롯한 동물이 무엇을 먹는지」 생각해보세요. 그것은 식물의 몸인 잎과 줄기, 뿌리와 열매 등입니다.

「식물을 먹지 않고 고기를 먹고 사는 동물도 있지 않느냐」며 반론하는 사람이 있을지도 모릅니다. 예를 들어 「육식동물」로 분류되는 사자와 치타는 얼룩말 등의 고기를 먹고 살아갑니다. 또한 매와 독수리는 토끼 등을 잡아먹습니다.

하지만 그렇게 잡아먹히는 동물의 고기가 「무엇을 먹고 만들어졌는지」 거슬러 올라가면 반드시 식물들의 몸에 다다릅니다. 초식동물인 얼룩말과 토끼 등은 식물을 먹고 삽니다. 따라서 「모든 동물은 식물들의 몸을 먹고 산다」는 말이 성립하는 것입니다.

이와 같이 식물들은 대단한 생산능력으로 모든 동물의 식량을 생산하고 있습니다. 게다가 움직이지 않으므로 동물이 쉽게 먹을 수 있습니다. 「동물에게 먹히는」 것은 식물들의 벗어날 수 없는 숙명입니다. 만약 식물들이 도망 다닐 수 있어 동물에게 잡아먹히지 않게 된다면 어떤 동물도 살아남지 못합니다.

그러나 식물들은 그렇게 되기를 추구하지 않으며, 「조금이라면 동물이 먹어도 괜찮다」고 생각할 것입니다. 왜냐하면 「동물의 생존을 바라기」 때문입니다.

식물들은 꽃가루를 운반하는 데 곤충과 새 등 동물의 도움을 받습니다. 또한 동물의 몸에 붙여 씨앗을 퍼뜨립니다. 동물이 열매를 먹게 하는 것은 무엇보다 중요한 일로서, 이를 통해 열매 속의 씨앗이 배설물과 함께 멀리 떨어진 곳에 뿌려지거나, 혹은 먹는 과정에서 씨앗이 여기저기 떨어지게 됩니다.

어느 쪽이 되었든 동물이 열매를 먹어줌으로써 식물들은 씨앗을 퍼뜨릴 수 있습니다. 이는 움직일 수 없는 식물들이 생활의 장을 옮기거나 넓히는 데 필수입니다. 식물들은 스스로 움직이지 않으면서 터전을 옮기거나 넓히는 "대단한" 기술을 가진 것입니다.

부모와 자식에 대한 높은 독립심이 "대단하다"

씨앗을 퍼뜨려주는 동물은 식물들이 터전을 옮기는 데 일조합니다. 다만 「왜 식물들에게 있어 터전을 옮기는 것이 바람직하며, 같은 곳에 머무르는 것은 바람직하지 않은가」 혹은 「식물들이 이미 살고 있는 장소에서 자손을 이어가는 것은 어째서 좋지 못한가」 하는 의문이 떠오르는 사람도 있을지 모릅니다.

만약 씨앗을 널리 퍼뜨리지 못한다면 식물들은 어떻게 될까요? 몇 대에 걸쳐 언제까지나 같은 곳에서 살아야 할 것입니다. 이는 식물의 번영을 저해하는 일입니다. 대부분의 채소는 매년 같은 곳에서 재배되면 제대로 성장하지 못하거나 질병에 걸립니다. 따라서 우리는 매년 같은 곳에 같은 채소를 재배하는 「연작」을 피해야 합니다.

가지와 토마토, 피망 등은 연작을 싫어하는 대표적인 채소입니다. 이것들을 연작할 경우 생육이 나빠지고 질병에 걸릴 확률이 높습니다. 제대로 수확할 수 있을 때까지 성장한다 해도 수확량은 떨어집니다. 「연작장해(連作障害)」라 불리는 현상입니다.

그 원인은 여러 가지로 추측할 수 있습니다. 하나는 동일한 땅에 같은 종류의 식물을 재배하면 그 식물에 감염되는 병원균과 해충이 주변에 모여들어 질병에 걸리기 쉬워지기 때문입니다. 또한 매년 같은 양분을 흡수하므로 그 종류의 식물에게 필수적인 특정한 양분이 부족해집니다. 게다가 식물은 뿌리를 통해 배설물을 배출하기도 하는데, 그것이 축적되어 성장에 해를 끼치게 됩니다.

이러한 이유로 대부분의 채소는 연작을 싫어하는 것입니다. 그 밖에 채소 이외의 식물들도 채소와 동일한 방식으로 살아가기 때문에, 같은 장소에서 계속 번식하는 것은 좋지 않습니다.

우리 인간의 경우에는 부모의 지반(地盤)을 물려받는 일이 많습니다. 특히 국회의원 등에 출마할 때는 부모의 지반을 그대로 세습합니다. 당선될 가능성이 높기 때문입니다. 그래서 우리 인간이 「부모의 지반을 이어받는」 것은 이롭다는 인상이 있습니다. 하지만 식물들은 반대로 부모의 지반을 이어받는 것이 바람직하지 못한 것입니다.

식물들은 자신의 아이가 부모의 지반에 의지하지 않고 부모와는 다른 곳에서 살아가기를 바랍니다. 그러한 마음을 담아 아이들을 부모 품으로부터 새로운 세상으로 떠나보낸다고 할 수 있습니다. 새로운 세상이라고 하면 듣기에는 좋지만 살아갈 수 있을지 없을지 불투명한 미지의 세계입니다.

「사자는 태어난 새끼를 천 길 낭떠러지 아래로 떨어뜨리고 기어올라온 새끼만을 기른다」는 말이 있습니다. 사실 사자는 그런 짓을 하지 않습니다. 이는 「그 정도의 양육을 받지 않고는 『백수의 왕』이라 불리는 강한 사자로 자랄 수 없다」는 뜻을 담아 새끼 훈련의 중요성을 설명하기 위한 말일 것입니다.

그러나 식물들은 실제로 씨앗이 생기면 강한 아이로 자라도록 새로운 세상에 내보냅니다. 거기에는 「어떤 환경을 만나도 강하게 살아갔으면」 하는 마음이 담겨 있습니다. 세상 밖으로 발을 내딛는 아이들 또한 그 기대를 당당히 짊어지고 부모 곁을 떠나갑니다. 「씩씩하게 부모 품을 떠나가고」, 「품 안의 자식을 내보내는」 식물들의 높은 독립심은 그야말로 "대단하다"고 할 수 있습니다.

아무 말도 하지 않는 식물들의 지혜가 "대단하다"

식물들은 동물에게 열매를 먹게 하여 씨앗을 다른 곳으로 퍼뜨립니다. 여기에는 아이들을 독립시키는 것은 물론 자신들의 일족이 생활하는 터전을 넓힌다는 이점이 있습니다. 그리고 식물들의 생활 터전 확장은 그 식물종의 번영을 의미합니다.

그래서 식물 중 일부는 괭이밥이나 봉선화처럼 스스로 씨앗을 날려 보내기도 합니다. 민들레나 단풍처럼 바람에 실어 씨앗을 멀리 운반하는 종류도 있습니다. 도꼬마리나 쇠무릎처럼 동물의 몸에 붙어 이동하는 예도 찾아볼 수 있습니다.

가벼운 씨앗은 이런 식으로 흩뿌리는 것이 가능합니다. 하지만 무거운 씨앗은 만약 동물이 열매를 먹고 씨앗을 먼 곳으로 퍼뜨려주지 않는다면 그대로 부모 곁에 떨어질 수밖에 없습니다.

예를 들어 감나무 한 그루가 있다고 상상해보세요. 한 그루에 수백 개의 열매가 열리는 경우도 드물지 않습니다. 열매 하나에는 적어도 몇 개의 씨앗이 들어 있으니, 나무 한 그루에서 1,000개 정도의 씨앗이 생기는 셈입니다.

가령 이들 씨앗이 새를 통해 확산되지 않는다면, 감 열매는 나무에 달린 채 익어 부모 나무 가까이 떨어질 것입니다. 이들이 제대로 발아한다 해도 좁은 범위에서 약 1,000개나 되는 싹과 경쟁하지 않으면 안 됩니다. 이들은 모두 같은 부모에게서 태어난 아이들이므로, 경쟁으로 성장을 방해받는 것은 좋은 일이 아닙니다.

더구나 그 싹들 위에는 부모 나무가 잎이 무성한 가지를 뻗고 있습니다. 발아한 싹이 성장하려면 충분한 빛이 필요한데, 부모의 그늘 아래에서는 빛을 충분히 받을 수 없어 어떤 싹도 성장할 수 없는 운명입니다. 그렇게 되지 않도록 동물을 통해 씨앗을 넓은 범위에 퍼뜨려야 하는 것입니다.

그러므로 식물들은 아무 말도 하지 않지만 속으로는「동물이 열매를 먹어주었으면 좋겠다」고 생각할 것이 틀림없습니다. 다만 씨앗이 완전히 여물기 전에 어린 열매를 물어가는 것은 곤란합니다. 따라서 덜 익은 열매를 보호하기 위한 방책을 강구할 필요가 생깁니다.

또한 식물들은「조금이라면 동물이 내 몸을 먹어도 괜찮다」는 것이지, 전부 먹어치운다면 견뎌내지 못할 것입니다. 때문에 「동물에게 먹히는」 숙명을 가진 식물들은 먹혀도 심각한 피해를 입지 않도록 몸을 복구하는 높은 능력을 가졌습니다. 식물들은 아무 말도 하지 않으면서 제대로 대처하고 있는 것입니다.

잎이나 대를 꺾어도 금세 다시 무성해지고, 가지나 줄기를 잘라도 곧 새순이 돋아납니다. 이것들이 바로 「조금이라면 동물이 내 몸을 먹어도 괜찮다」고 생각하는 식물들이 지니고 있는 높은 복구능력의 예입니다.

하지만 아무리 그러한 능력을 지니고 있어도 역시 식물들 입장에서는 몸을 전부 먹히거나 씨앗이 여물지 않은 어린 열매를 빼앗기는 것은 곤란합니다. 그래서 식물들은 각자 자신의 몸이나 어린 열매를 지키는 여러 가지 대단한 기술을 익히고 있습니다. 다음 장부터 그것들을 하나하나 살펴보기로 합니다.

(2) 먹히고 싶지 않아!

가시는 몸을 지키는 "대단함"의 상징

식물들이 몸이나 어린 열매를 지키는 모습의 알기 쉬운 예로 가시의 존재를 들 수 있습니다. 「동물이 가까이 다가오지 않기를」 혹은 「다가온 동물이 물어뜯지 않기를」 바라는 마음을 담아 뾰족한 가시를 지니고 있는 식물이 많습니다. 그 대표 중 하나가 장미입니다.

장미의 가시는 식물학적으로는 「줄기의 표피 일부가 융기되어 굳어진 것」이라고 알려져 있습니다. 다만 예로부터 사람들은 「왜 장미에는 가시가 있을까」 궁금해하며 가시의 역할과 기원에 호기심을 느꼈습니다.

장미 가시의 역할에 대해 그리스 신화에 전해 내려오는 이야기를 들은 적이 있습니다. 정확하지 않을 수도 있지만 소개해보겠습니다. 어떤 여신이 연인을 잃은 슬픔에 잠겨 멍하니 하얀 장미를 밟으며 장미 정원 안을 거닐었습니다. 발에는 장미 가시가 박혀 상처투성이가 되었고 새빨간 피가 뚝뚝 떨어져 흘렀습니다. 하얀 장미가 순식간에 새빨갛게 물들었는데, 그 후 이 장미 정원에는 빨간 장미가 피게 되었다고 합니다. 이 이야기에 따르면 장미 가시는 최초로 붉은 꽃을 탄생시킨 역할을 한 것이 됩니다.

장미 가시의 기원에 대한 그리스 신화도 있습니다. 어떤 여신이 아이를 데리고 장미 정원에 놀러 갔습니다. 아름다운 장미꽃을 본 아이는 꽃에 입을 맞추려고 입술을 가져다 댔습니다. 그런데 꽃 안에 있던 벌이 놀라 침으로 입술을 찔렀습니다. 아이가 쏘이자 노한 여신은 벌을 붙잡아 벌의 몸에서 벌침을 빼내 장미 줄기에 붙였습니다. 그 후 장미에는 가시가 나기 시작했다고 합니다. 이 이야기대로라면

장미의 가시 (촬영 · 히라타 레오(平田礼生))

장미 가시는 벌침에서 기원한 것입니다.

예로부터 장미 가시가 많은 흥미를 끌었기에 이런 그럴싸한 이야기들이 전해진 것 같습니다. 지금도 장미 가시는 호기심을 자극하며, 특히 아이들이 신기해합니다.

언젠가 어린아이가 「장미에는 왜 가시가 있어요?」 하고 질문한 적이 있습니다. 이런 질문에는 보통 「장미는 가지를 꺾거나 꽃을 따지 못하도록, 그리고 동물이 먹을 수 없도록 뾰족한 가시로 몸을 보호하는 거란다」라고 대답하곤 합니다.

그런데 그때 아이는 진지한 눈빛으로 「어떤 대답이 돌아오는지」 가만히 응시하는 것이었습니다. 그 모습을 보니 그렇게 무미건조한 대답을 바로 해주기가 주저되어 「너는 어떻게 생각하니?」 하고 물어보았습니다.

그러자 그 아이는 「예쁜 꽃이 피는 장미에 아픈 가시가 달려 있어 불쌍해요」라고 대답했습니다. 「장미에는 왜 가시가 있어요?」라는 간단한 질문 속에는 예쁜 꽃과 무서운 가시의 어울리지 않는 조합에 대한 의문이 담겨 있던 것입니다. 아이는 가시가 있는 장미를 가엾게 여기고 있었습니다.

대답은 정해져 있어도 아이들의 질문에 답할 때는 의미를 이해시키는 것에만 신경 쓰지 말고 「아이들의 마음을 헤아려 대답해야 한다」고 생각하게 된 계기입니다. 아이들은 다정한 눈과 자애로운 마음으로 식물을 보고 있기 때문입니다.

그런 경우 「어른이 너무 무뚝뚝한 대답을 하면 식물을 다정하게 바라보는 눈을 잃어버리거나, 식물을 사랑하는 마음에 상처를 받게 될 것」이라는 사실을 깨달았습니다. 어쩌면 우리 어른들이 생각하는 대답조차 「그것이 옳다」고 믿고 있는 것뿐인지도 모릅니다.

다만 「장미는 가지를 꺾거나 꽃을 따지 못하도록, 그리고 동물이 먹을 수 없도록 뾰족한 가시로 몸을 보호한다」는 답변도 전해야만 합니다. 식물들이 자연 속에서 자신의 몸을 지키며 살고 있다는 "대단함"을 이해할 수 있게 설명할 필요가 있기 때문입니다. 장미의 가시는 그 "대단함"의 상징입니다.

일단 「장미는 자신의 몸을 보호하기 위해 스스로 가시를 기르기 시작한 것이 아닐까. 아니면 다른 누군가에게 부탁해서 몸에 단 것인지도 모르겠네」라고 대답했습니다. 하지만 아이는 큰 반응이 없었습니다. 그래서 「어쩌면 장미가 너무도 예쁜 꽃을 피워서 화가 난 누군가가 앙심을 품고 단 것인지도 몰라」 하고 덧붙였습니다. 그제야 아이의 얼굴이 살짝 미소 짓는 것처럼 느껴졌습니다.

그 아이는 「장미에는 왜 가시가 있어요?」라고 질문하면서 「장미꽃이 너무 아름다우니까 누가 그걸 시샘해서 그런 가시를 붙인 건 아닐까?」라는 식의 우리가 생각지도 못한 상상을 했는지도 모릅니다.

「장미는 가시 덕분에 몸을 지키면서 살 수 있는 거야. 하지만 먼 옛날부터 달려 있었기 때문에 언제 어떤 식으로 가시가 생겼는지 잘 알 수 없단다」 하고 아이의 풍부한 상상력을 무너뜨리지 않는 대답을 해두었습니다.

가시로 몸을 지키는 식물들은 "대단하다"

흔히 「아름다운 것에는 가시가 있다」고 합니다. 이것은 장미의 아름답고 눈에 띄는 꽃과 날카로운 가시를 의식한 말입니다. 하지만 장미만큼 아름다운 꽃을 피우지 않더라도 잎이나 줄기에 가시를 가진 식물은 의외로 많습니다. 가시는 식물들이 몸을 지키는 무기의 하나이기 때문입니다. 즉 「아름답지 않아도 가시는 있는」 것입니다.

도꼬마리, 미모사, 알로에, 선인장, 도깨비가지, 피라칸타 등은 가시를 가진 대표적인 식물입니다. 「이 식물들이 아름답지 않다」는 것은 아닙니다. 저마다 아름다움을 가지고 있지만, 이들을 장미꽃처럼 아름다움의 대명사로 사용하지는 않습니다.

「가시」는 식물의 몸에 있는 바늘 모양의 돌기입니다. 가시에는 장미나 산초나무처럼 표피가 변형된 것과 산당화처럼 줄기와 가지가 변형된 것이 있습니다. 한편 선인장의 가시는 잎이 변화한 것입니다.

이들 가시의 예리한 끝을 잘 살펴보거나, 실제로 가시에 찔려 아팠던 경험을 떠올려보면 「동물이 이것을 먹었을 때 얼마나 아플지」 쉽게 상상할 수 있습니다. 그러므로 식물들이 뾰족한 가시를 가지고 있는 의미가 「동물에게 먹히지 않고 자신의 몸을 지키기 위한 것」이라는 사실이 이해가 갑니다.

5, 60년 전 필자가 어렸을 때 「도둑놈가시」라 부르며 놀았던 도꼬마리 열매는 최근 찾아보기 힘들어졌습니다. 이 열매의 외피에는 뾰족한 가시가 잔뜩 나 있는데, 열매 하나에는 씨앗 두 개가 들어 있습니다. 그러니 결국 가시를 통해 씨앗을 보호하는 것이라 할 수 있습니다.

게다가 이 가시는 낚싯바늘처럼 끝이 구부러져 있어, 동물의 몸이나 사람들의 옷에 걸려 운반되는 기능도 합니다. 그런 식으로 서식지를 옮기거나 확장하는 것입니다. 이렇게 도꼬마리는 동물에게 열매를 먹게 하지 않고 운반시킨다는 대단한 작전으로 살아가고 있습니다.

미모사는 브라질 원산의 콩과 식물입니다. 이 식물은 동물이 접근하면 잎을 오므려 아래로 늘어뜨립니다. 잎을 펼치고 있을 때와 달리 맛이 없어 보이기 때문에, 이것을 본 동물은 식욕이 떨어지게 됩니다. 잎을 오므려 늘어뜨리는 것도 몸을 지키기 위한 방책인 것입니다.

또한 이 식물은 방어체계를 갖추고 있습니다. 줄기에 돋은 날카로운 가시가 그것입니다. 동물은 잎이 오므라지고 처져 맛없어 보이는 데다 뾰족한 가시까지 달린 이 식물을 물어뜯을 마음이 들지 않을 것입니다.

알로에는 열대 아프리카 원산의 백합과 다육(多肉)식물입니다. 알로에와 모양과 형태가 비슷하며, 똑같이 고온 건조한 환경에서 자라는 식물로 선인장이 있습니다. 다만 선인장은 선인장과의 식물로 알로에와는 속한 과가 달라 한 무리는 아닙니다.

알로에 가운데는 주스나 요구르트에 사용되는 알로에베라라는 품종이 잘 알려져 있으며, 그 밖에도 수백 종 이상의 품종이 있습니다. 일본의 가정에서 많이 재배하는 알로에는 기다치알로에(알로에아보레센스)라는 품종입니다. 기다치(木立)라는 이름 그대로 마치 나무가 서듯 키가 크게 자랍니다. 알로에는 흔히 꽃이 피지 않는다고 생각하기 쉽지만 사실 꽃이 핍니다. 기다치알로에는 겨울에 꽃이 피는 경우가 많고 봄에는 씨앗도 생깁니다.

알로에를 꺾거나 상처 입히면 끈적끈적하고 쓴맛이 나는 액체가 걸쭉하게 흘러나옵니다. 쓴맛의 주된 성분은 「알로인」입니다. 이 액체에는 약효가 있어, 이 식물은 「의사가 필요 없는」 식물이라고 일컬어집니다. 우리에게는 도움이 되지만 벌레나 병원균은 싫어하는 액체이기도 합니다.

이 식물은 뾰족한 가시로 동물에게 먹히지 않도록 방어합니다. 그뿐만 아니라 끈적끈적한 액체를 이용해 벌레의 위협과 병원균의 침입에 대비하고 있습니다. 「야생에서 식물이 몸을 지키며 살아간다는 것이 얼마나 큰일인지」 느껴집니다.

당장에라도 심술궂은 장난을 칠 것만 같은 도깨비가지라는 이름을 가진 식물이 있습니다. 북아메리카를 원산으로 하는 가짓과 식물입니다. 그래서 가지와 비슷한 색과 모양, 크기의 꽃을 피웁니다. 이 식물은 질병과 연작장해에 강하여, 같은 가짓과인 가지의 접붙이기용 대목(접본. 접을 붙일 때 바탕이 되는 나무—역자 주)으로 사용됩니다.

도깨비가지의 꽃 (촬영 · 다니구치 유리코(谷口百合子))

접붙이기란 근연(近緣) 관계에 있는 식물의 줄기나 가지를 가른 뒤, 거기에 다른 나무의 줄기나 가지를 끼워 넣고 유착시켜 두 그루의 나무를 하나로 연결하는 기술입니다. 접붙이기로 하나가 된 나무는 뿌리가 대목의 성질을 갖습니다. 따라서 대목으로 도깨비가지를 사용하면 가지는 질병에 강해질뿐더러 연작도 견딜 수 있게 됩니다.

이 식물의 꽃은 나름대로 아름답지만, 이 식물 자체는 접붙이기를 제외하고 딱히 쓸모가 없습니다. 그래서 우리는 이 식물을 보면 뽑아버리려고 하는데, 무심코 손을 대다 가시에 찔리기도 합니다. 그런 심술궂은 짓을 하기 때문에 「도깨비가지」라 불리는 것입니다.

지금까지 「식물들은 가시를 이용해 동물에게 먹히지 않도록 자신의 몸을 지킨다」고 소개하였습니다. 그런데 우리 인간이 좋아하지 않는 도깨비가지 같은 식물의 가시는 뽑혀서 버려지는 사태도 방지하고 있는 것입니다. 도깨비가지 이상으로 가시가 그 전형적인 역할을 담당하는 식물이 있습니다. 그것을 다음 항에서 소개합니다.

「찔리면 아플」 뿐만이 아닌 가시는 "대단하다"

「피라칸타」라는 식물이 있습니다. 이 식물은 중국을 원산지로 하는 장미과 식물로, 가지에 날카롭고 단단한 가시를 가졌습니다. 번식력이 무척 왕성하여 마당이나 산울타리에 심으면 가지치기를 해줘야 합니다. 또한 열매를 잔뜩 맺으므로 여기저기서 씨앗이 발아합니다. 이 식물의 싹은 성장도 빠르기 때문에, 서둘러 뽑아주지 않으면 안 됩니다.

그럴 때 아무리 주의해도 그만 가지에 달린 날카로운 가시에 손이

피라칸타 열매 (촬영·오타 요타로(太田陽太郎))

나 다리를 찔리곤 합니다. 이 가시에 찔리면 정말로 아픕니다. 찔리고 나서 상당히 오랫동안 「따끔따끔」할 정도입니다.

「피라칸타」라는 이름은 「피르」와 「아칸타」로 이루어져 있습니다. 그리스어로 「피르」가 「불」, 「아칸타」는 「가시」를 의미합니다. 영어로는 「파이어손」으로 역시 「불과 가시」입니다. 중국어로도 「불과 가시」란 뜻의 「화극(火棘)」이라고 씁니다.

「불」이라는 단어가 사용되는 이유는 「열매가 불처럼 빨갛기 때문」이라고 합니다. 가을에 작고 붉은 열매가 옹기종기 모여 주렁주렁 매달린 모습은 분명 화염처럼 보입니다. 하지만 필자는 열매의 색이나 열매가 모여 있는 모양만을 가지고 「불」이라는 단어를 사용한 것은 아니라고 생각합니다.

이 식물의 날카로운 가시에 찔리면 눈에서 불이 날 만큼 정말 아픕니다. 그래서 「눈에서 불이 날 만큼 아픈 가시를 가진 나무」란 의미가 담겨 있는 것이 아닐까 합니다. 이 식물의 가시에 찔린 경험이 있는 사람이라면 여기에 동의해줄 것이라 믿습니다.

『가시가 있는 식물』이라고 했을 때 가장 먼저 떠오르는 것은 무엇인가?』라는 질문을 하면 「장미」라는 답이 압도적으로 많을 것입니다. 그리고 『잎에 가시가 있는 식물』이라고 했을 때 가장 먼저 떠오르는 것은 무엇인가?』라는 질문을 하면 「구골나무」, 「뿔남천」, 「구골나무목서」 등의 답이 돌아올 것입니다. 구골나무 잎 둘레에 있는 가시는 그만큼 많은 사람에게 인상적입니다.

구골나무는 일본을 비롯한 동아시아가 원산지인 식물입니다. 「따끔따끔 아프다」, 「욱신욱신 아프다」, 「쑤시다」를 의미하는 「히라구(疼く)」란 단어가 있는데 구골나무(일본어명 히라기) 가시에 찔리면 따끔하다는 뜻에서 「히라기(疼木)」라는 한자로 「구골나무」를 나타낼 수 있습니다. 혹은 늦가을부터 겨울에 걸쳐 꽃을 피우는 데서 따와, 나무 목

뿔남천 (촬영 · 다나카 오사무(田中修))

변에 겨울 동 자를 붙여 「히라기(柊)」라고 쓰기도 합니다.

일본에서는 히라기난텐이라고 하는 뿔남천은 남천과 같은 매자나뭇과의 일종입니다. 따라서 물푸레나뭇과인 구골나무와는 식물학적으로 아무런 관계도 없습니다. 하지만 구골나무 잎 둘레의 가시가 인상적이기에, 잎에 가시가 달린 이 식물에도 역시 히라기라는 이름이 붙었을 것입니다.

구골나무목서는 구골나무를 같은 물푸레나뭇과의 은목서와 교배하여 나온 식물입니다. 그래서 두 이름을 나열해 구골나무목서라는 이름이 되었습니다. 그 반대인 목서구골나무가 아닌 것은 역시 이 식물의 잎 주위에 있는 가시가 인상적이므로, 구골나무가 강조되도록 작명했기 때문일 것입니다.

구골나무의 뾰족한 가시는 「귀신을 퇴치한다」고 합니다. 그래서 「절분(節分)날 구골나무 가지에 귀신이 싫어하는 냄새가 강한 정어리 대가리를 꽂아 대문에 장식해두면 귀신을 쫓는 효과가 있다」라는 말이 전해 내려옵니다. 이 가시는 실재하는 동물뿐만 아니라 상상 속의 마물인 귀신조차 물리치고 몸을 지키는 역할을 하는 것입니다.

얼마 안 되는 씨앗을 가시로 지키는 식물은 "대단하다"

호자나무라는 꼭두서닛과 식물이 있습니다. 호자나무는 「개미(蟻, 아리)마저 꿰뚫는(通す, 도스)」 예리한 가시를 가졌다고 하여 일본에서는 「아리도시(蟻通)」라고 부릅니다. 실제 이 가시가 개미를 꿰뚫는 것은 아니지만 가늘고 뾰족한 가시이기에 작은 개미마저 찌를 수 있다는 의미입니다. 동물들 역시 그처럼 뾰족한 가시를 가진 이 식물 가

까이 다가갈 수는 있어도 물어뜯지는 못할 것입니다.

　호자나무는 「한 냥」이라는 별명을 가졌습니다. 비슷한 별명을 가진 식물로, 설날에 복을 비는 의미로 장식하는 만 냥, 천 냥이라는 식물이 있습니다. 만 냥은 「백량금」, 천 냥은 「죽절초」입니다. 또한 이들과 마찬가지로 「백 냥」, 「열 냥」이라고 불리는 식물도 있습니다. 백 냥은 「송이꽃자금우」, 열 냥은 「자금우」를 말하며, 「한 냥」이 바로 이 호자나무인 것입니다.

　만 냥(일본어명 만료)과 천 냥(일본어명 센료)은 식물의 정식 명칭입니다. 따라서 식물도감 등의 표제어로 사용됩니다. 하지만 「백 냥」, 「열 냥」, 「한 냥」은 비유될 뿐인 별명입니다. 그래서 식물도감 등의 표제어로는 사용되지 않습니다.

　그렇다면 「어째서 이 식물들에 만 냥, 천 냥, 백 냥, 열 냥, 한 냥이라는 순위가 붙은 것일까」 의문이 듭니다. 이 식물들의 공통점은 가을에서 겨울에 걸쳐 작고 동그란 열매가 붉게 여문다는 것입니다. 그런 점에서 흔히 「이 붉은색 열매의 개수가 많은 순으로 순위를 매겨 이름을 붙인 것」이라 일컬어집니다.

　그러므로 「한 냥」으로 비유되는 호자나무는 가을에 붉은 열매를 맺는 이들 가운데, 가장 적은 수의 열매밖에 맺지 못한다는 말이 됩니다. 그렇게 얼마 안 되는 열매를 동물에게 빼앗기지 않도록 호자나무는 뾰족한 가시로 지키고 있는 것인지도 모릅니다.

　이 식물들이 맺는 열매의 수는 품종과 재배 조건에 따라 차이가 있지만, 실제로도 순위를 따라가는 경향은 있습니다. 호자나무는 말장난 삼아 「언제나 있다」는 뜻의 「아리도시(有リ通シ)」라고 쓰기도 합

니다. 예로부터 백량금, 죽절초와 나란히 호자나무를 재배하면 「만
냥, 천 냥, 언제나 있다」라는 의미가 되어 무척 길하다고 하였습니
다. 만약 기회가 된다면 한번 같이 재배해보세요. 행운이 찾아올지
도 모릅니다.

질병의 원인이 되기도 하는 가시는 "대단하다"

식물의 가시는 「찔리면 아픕니다.」 그래서 가시를 가진 식물을 피
하는 곤충과 새 등 동물의 마음을 쉽게 이해할 수 있습니다. 하지만
「찔리면 아플」 뿐만이 아닙니다. 찔린 가시가 빠지지 않는 경우도 있
습니다.

가시가 빠지지 않고 며칠이 지나면 박힌 부위에 염증이 생깁니다.
우리 인간이라면 소독해서 치료하지만, 소독이라는 수단을 가지고
있지 않은 동물은 곤란에 처하는 일이 많을 것입니다. 심한 경우에
는 그 부분이 괴사하기도 합니다. 그것을 보면 「가시로 몸을 지킨다」
는 방법은 우리의 상상 이상으로 효과적인 것 같습니다.

그런데 더욱 대단한 위력을 가진 가시로 몸을 지키는 식물이 있습
니다. 대불(大佛)로 유명한 도다이지(東大寺)가 있는 나라공원(奈良公園)
에는 쐐기풀이 많이 자랍니다. 쐐기풀과의 식물로 영어명인 「네틀」
이라 불릴 때도 많은 이 식물의 잎과 줄기에는 가시가 있습니다.

쐐기풀의 일본어명은 이라쿠사라고 하는데 「이 가시에 찔리면 아
파서 짜증나기 때문에 짜증난다는 일본어 이라이라에서 따와 『이라
쿠사』라는 이름이 되었다」고도 하고, 「옛날에는 가시(刺)를 『이라』라
고 불렀기 때문에 가시가 있는 풀이라는 뜻에서 『이라쿠사(刺草)』라는

이름이 붙었다」고도 합니다. 영어명인 「네틀」 역시 명사로는 「신경질 나게 하는 것」을 뜻하고, 동사로는 「초조해하다, 화나게 하다」라는 의미를 갖습니다.

　이 식물은 본래 잎과 줄기에 가시가 적은 것부터 많은 것까지 종류가 다양합니다. 그런데 나라공원에는 가시가 많은 쐐기풀밖에 없습니다. 「나라공원에는 정말 가시가 많은 쐐기풀밖에 자라지 않는 것일까」 확인하기 위하여, 실험적으로 가시가 적은 것과 많은 것을 섞어 심어보았습니다.

　몇 년이 지나 결과를 보니 가시가 적은 쐐기풀은 자취를 감추고, 가시가 많은 쐐기풀만 살아남았습니다. 왜 나라공원에서는 가시가 많은 쐐기풀만이 살아남는 것일까요.

　나라공원에는 「신의 사자」라 불리며 소중히 보호받는 사슴이 서식하고 있습니다. 아니, 그렇다기보다 방목되고 있습니다. 그래서 나라공원에 가면 여기저기서 사슴과 마주치게 됩니다. 이 사슴들은 관광객이 나눠주는 「사슴전병」뿐만 아니라, 공원 내의 식물 또한 먹습니다. 쐐기풀도 이들이 먹는 식물 중 하나입

쐐기풀 잎. 위는 나라공원 안의 것으로, 아래 사쿠라이 시(桜井市)내의 것과 비교하여 쐐기털(자모. 식물의 표피에 있는 딱딱한 털-역자 주)이 많습니다. (촬영·가토 데이코(加藤禎孝))

니다.

그러므로 가시가 많은 쐐기풀이 살아남는다는 것은 「사슴이 가시가 적은 쐐기풀만 먹고, 가시가 많은 쐐기풀은 싫어해서 먹지 않는다」는 사실을 의미합니다. 다시 말해 쐐기풀은 동물에게 먹히지 않도록 가시를 이용해 몸을 지킨다는 것입니다.

게다가 이 식물의 가시는 「찔리면 아픈」 것으로 끝나지 않습니다. 쐐기풀의 한자어는 「심마(蕁麻)」입니다. 그리고 가려움과 통증을 동반하며 발진을 일으키는 「심마진(蕁麻疹, 한방에서 말하는 두드러기—역자 주)」이라는 질병이 있습니다. 이것은 음식이나 동물의 독 등에 의해 발생하는데, 그 증상이 쐐기풀 가시에 찔렸을 때와 동일합니다.

따라서 이 질병에 쐐기풀의 한자어인 「심마」에서 따온 「심마진」이란 이름이 붙은 것입니다. 사실 쐐기풀 가시에는 심마진의 원인이 되는 아세틸콜린과 히스타민 등의 물질이 들어 있습니다.

그러므로 쐐기풀 가시는 「찔리면 아픈」 효과만으로 사슴에게서 몸을 지키고 있는 것이 아닙니다. 물론 아픈 것도 있겠지만, 그보다 사슴도 두드러기에 걸리고 싶지는 않을 테니 말입니다.

한편 십여 년 전, 인도 카르나타카 주의 밀림 지대에서 「나무가 소를 습격하는」 사건이 벌어졌다고 『뉴인드프레스』라는 신문에 보도된 적이 있습니다. 움직이지도 않는 나무가 소를 습격할 수 있을 리 없는데 「대체 무슨 일이 일어난 것일까」 흥미로웠습니다. 이 사건의 원인이 된 것은 가시를 가진 덩굴성 식물로 「필리 마라(호랑이 나무)」라 불리는 나무입니다.

이 나무의 가시가 소의 몸에 박혔고, 소는 고통에 몸부림쳤습니다. 하지만 물론 몸부림친다고 해서 박힌 가시가 빠지지는 않습니다. 오히려 소가 날뛰면 날뛸수록 가시가 달린 덩굴을 끌어당겨 점점 더 많은 가시가 소의 몸을 휘감고 죄어들었습니다. 결국 「가시가 달린 덩굴이 몸을 옥죄어 소는 기진맥진 녹초가 되고 말았다」고 하는 것이 사건의 진상입니다.

이처럼 식물의 가시에는 무언가를 휘감기 위한 기능도 있습니다. 소를 옥죄기 위한 것이 아니라, 주위에 있는 식물에 가시를 걸고 그것을 발판 삼아 위로 뻗어가려는 것입니다. 식물은 다른 식물의 그늘 속에서는 충분한 빛을 받지 못하지만, 위로 뻗어 올라가면 보다 많은 빛을 받을 수 있습니다. 가시는 식물이 위로 올라가기 위한 도구도 되는 것입니다.

사자를 죽이는 가시의 "대단함"

일본어로 사자 죽이기를 의미하는 「라이온고로시」라 불리는 식물이 있습니다. 바로 아프리카 원산의 참깻과 식물인 「데블스클로」를 말합니다. 「데블」은 「악마」, 「클로」는 「발톱」이라는 뜻이니 「데블스클로」는 「악마의 발톱」이 됩니다. 열매에 딱딱한 발톱과 같은 가시가 달린 식물입니다.

「사자가 이 열매를 깨물자 입안에 가시가 박혀 빠지지 않았고, 결국 먹이를 먹을 수 없어 굶어 죽었다. 그 후 이 식물은 『라이온고로시』라 불리게 되었다」라고 합니다.

그런데 사자는 육식성으로, 식물의 열매를 입에 댈 리가 없습니다. 따라서 「왜 이 식물의 이름이 『라이온고로시』인지」 문득 궁금해집니다. 하지만 가시가 박히는 장면을 상상해보면 이 이름의 유래에 몇 가지 가능성이 떠오릅니다.

첫 번째는 초식성이나 잡식성 동물이 이 식물의 열매를 입에 넣는 경우입니다. 그러면 입안에 가시가 박히고 빠지지 않아 먹이를 먹을 수 없게 된 동물은 굶어 죽고 맙니다. 그럴 경우 이 식물은 그 동물이 양이라면 「양 죽이기」, 말이라면 「말 죽이기」가 됩니다. 그러나 양이나 말로는 박력이 느껴지지 않습니다. 엄청난 가시라는 사실이 강조되지 않는 것입니다.

도수가 세서 금세 취기가 도는 술에는 귀신을 죽인다는 의미의 「오니고로시」라는 이름이 붙습니다. 가공의 강한 존재인 귀신의 이름을 빌려 명명하는 것입니다. 그러므로 동물을 죽인다는 "대단함"을 강조하기 위하여, 「백수의 왕」인 사자의 이름을 붙였을 가능성이 있습니다. 이 경우 사자는 열매를 먹지 않으니 죽을 일도 없습니다.

두 번째는 실제로 육식동물인 사자가 이 열매의 가시 때문에 죽는 경우입니다. 우리는 단백질과 탄수화물, 지방과 비타민은 물론 식물섬유를 영양소로 섭취해야 한다는 사실을 잘 알고 있습니다. 그래서 식물섬유가 많이 함유된 채소나 과일 등을 먹습니다.

고기만 먹는 육식동물에게도 영양소로서 식물섬유가 필요합니다. 그런 면에서 「육식동물은 고기만 먹는데, 괜찮은 것일까」 하는 걱정도 듭니다. 하지만 괜찮습니다. 육식동물도 식물섬유의 필요성을 이해하고, 제대로 섭취하고 있기 때문입니다.

초식동물을 사냥해 먹을 때, 초식동물의 위 속에는 초식동물이 먹은 풀이 소화되던 상태로 남아 있는 경우가 있습니다. 사자나 치타

같은 육식동물이 초식동물을 사냥하면 맨 처음 위와 장부터 먹기 시작한다고 하는데, 초식동물의 위와 장을 먹음으로써 간접적으로 식물섬유를 섭취하는 것입니다.

따라서 아직 뾰족한 가시 부분이 소화되지 않은 경우, 사자의 입안에 이 가시가 박힐 가능성이 있습니다. 사냥감인 초식동물의 위속에 미처 소화되지 못하고 남아 있던 가시를 먹어 입안에 가시가 박히면, 고통으로 음식을 먹지 못해 굶어 죽고 맙니다.

세 번째는 사자가 이 가시를 밟는 경우입니다. 가장 가능성이 높은 경우로, 이 열매를 밟으면 발에 가시가 박힙니다. 그러면 아파서 걷거나 달릴 수 없게 되고, 박힌 부분이 곪으면 더욱 움직이기 힘들어집니다. 결과적으로 사냥을 할 수 없게 된 사자는 굶어 죽는 것입니다.

사자가 박힌 가시를 뽑는 경우를 생각해봅시다. 만약 운 좋게 입으로 가시를 뽑는다 해도, 발에서 빠진 가시가 이번에는 입에 박힐 수도 있습니다. 이 경우에도 결국 아무것도 먹지 못하고 굶어 죽게 됩니다.

이런 식으로 따져보면 가시란 정말 무시무시합니다. 가시의 일반적인 역할은 동물에게 먹히지 않도록 확실하게 식물들을 보호하고, 식물들이 감아 올라가며 자랄 수 있도록 돕는 것입니다. 또한 우리 인간이 잡아 뽑지 못하게 하여 식물들을 지킵니다.

사자를 아사시키는 것 등은 가시의 본래 역할과는 조금 거리가 있습니다. 아마 식물들도 상정하지 못한 일일 것입니다. 그렇지만 역시 식물들이 "대단한" 것을 몸에 지니고 있는 것만은 틀림없습니다.

제2장

맛은 방어수단!

(1) 떫은맛과 매운맛으로 몸을 지키다

밤 열매의 굳은 방비가 "대단하다"

많은 식물들은 잎과 줄기, 열매와 씨앗을 곤충이나 새 등의 동물에게 먹히고 싶지 않을 때 곤충이나 새가 싫어하는 「맛」으로 방어합니다. 「맛없다」고 인식되려는 것입니다. 한층 더 나아가 「터무니없는 맛이니 먹어서는 안 된다」는 인상을 주려 합니다. 그래서 식물들은 여러 가지 맛을 짜내고 있습니다.

우리는 다양한 채소와 과일의 맛을 즐깁니다. 그렇기 때문에 보통 이러한 맛이 식물들의 몸을 지키기 위해 만들어졌다고는 생각하지 않습니다. 하지만 식물들이 몸을 지키기 위한 방어물질로 맛을 이용하는 것은 사실입니다.

물론 몸을 방어하려는 목적만으로 맛을 내는 물질을 만들어내는 것은 아닙니다. 그러나 이들 물질을 몸속에서 만들어 방어를 위해 유용하게 쓴다는 낭비 없는 생활방식의 "대단함"에는 감탄을 금할 수 없습니다.

우리가 맛을 표현하는 말에는 「떫다」, 「쓰다」, 「시다」, 「맵다」, 「달다」 등 여러 가지가 있습니다. 이러한 맛의 호불호가 사람마다 다른 것처럼, 곤충이나 새 등 동물의 종류에 따라서도 다릅니다. 다만 곤충이나 새 등의 동물이 가장 싫어하는 맛은 우리 인간들 사이에서도 선호되지 않을 것이라 추측됩니다.

대부분의 사람들이 가장 싫어할 것으로 생각되는 맛은 「떫은맛」입니다. 「신맛」, 「매운맛」, 「단맛」을 좋아하는 사람은 많습니다. 또한 「쓴맛」을 좋아하는 사람도 많지는 않지만 있습니다. 그러나 「떫은맛」, 즉 「쓴맛을 수반하며 혀를 마비시키는 맛이 좋다」는 사람은 본 적이 없습니다. 「떫은맛」은 대부분의 곤충과 새 등의 동물들도 싫어하는 맛일 것입니다.

그러한 「떫은맛」의 대표는 밤나무 열매입니다. 밤 열매는 익기 전까지 뾰족한 「밤송이」에 싸여 있습니다. 밤송이는 가시가 빽빽한 겉껍데기로 어린 열매가 동물에게 먹히지 않도록 보호합니다. 그리고 익으면 밤송이가 벌어져, 윤기 나는 단단한 갈색 「겉껍질」에 감싸인 밤 열매가 모습을 드러냅니다. 이 겉껍질은 까는 데 힘이 듭니다. 겨우 까도 그 안쪽에는 속껍질이 기다리고 있습니다. 이것이 발아하는 씨앗을 지키는 것입니다.

이처럼 밤 열매는 먹히지 않기 위한 방비를 굳히고 있습니다. 그런데 밤나무는 열매의 방어만 단단한 것이 아닙니다. 나무의 재질도 단단합니다. 그래서 예로부터 건물의 토대나 철도의 침목(선로 아래에 까는 나무나 콘크리트로 된 토막–역자 주) 등에 이용되어왔습니다.

캐스터네츠라는 타악기가 있습니다. 이것은 옛날에는 단단한 밤나무로 만들어졌습니다. 게다가 밤나무 열매를 둘로 쪼갠 듯한 모양을 하고 있기 때문에, 스페인어로 밤을 뜻하는 「카스타냐」에서 유래된 캐스터네츠란 이름이 붙었다고 합니다.

밤나무의 맛있는 열매는 타닌이라는 떫은맛을 가진 물질을 함유한 껍질에 싸여 있습니다. 덕분에 곤충이나 새에게 먹히지 않고 몸을 지킬 수 있는 것입니다. 우리가 밤을 먹을 때도 이 떫은 속껍질은 방해가 됩니다. 이 속껍질을 벗기지 않으면 먹을 수 없는데, 알맹이에 딱 달라붙어 있는 속껍질을 벗기기란 무척 까다롭기 때문입니다.

그런 반면 속껍질이 쉽게 벗겨지는 밤이 있습니다. 예를 들어 「톈진(天津) 군밤」이라는 군밤이 그렇습니다. 이 군밤은 손가락으로 속껍질을 한꺼번에 벗겨낼 수 있습니다. 여기에 사용되는 밤은 중국을 원산지로 하는 중국밤입니다. 중국밤은 구우면 속껍질이 쉽게 벗겨지는 성질이 있습니다.

그에 비해 일본과 한반도를 원산지로 하는 일본밤에는 속껍질이 쉽게 벗겨지는 성질이 없습니다. 그러므로 밤밥이나 밤경단에 일본밤을 사용할 때는 겉의 단단한 갈색 「겉껍질」을 제거한 뒤, 칼로 속껍질을 벗겨야 합니다. 따라서 「크고 부드러운 데다 단맛이 나는 일본밤의 속껍질이 쉽게 벗겨지면 좋을 텐데」 하는 생각을 오랫동안 많은 사람들이 해왔습니다.

그리고 그 생각은 2006년에 마침내 실현됩니다. 이바라키 현(茨城縣)의 과수연구소가 신품종을 개발한 것입니다. 결과적으로 「겉껍질」에 칼로 깊은 상처를 낸 다음 전자레인지에서 2분간 가열하면 속껍질이 쉽게 벗겨지는 일본밤이 탄생하였습니다.

포로탄(좌). 기존의 밤에 비해 속껍질이 벗겨지기 쉬운 성질을 가집니다. (제공 · 농연기구과수연구소)

이 밤은 「단자와(丹沢)」라는 품종의 밤을 개량하여 만들어진 것입니다. 그래서 「껍질이 쏙(일본어로 포롯토) 벗겨지는 『단자와』의 아이」란 뜻을 담아, 「포로탄」이라고 이름 붙여졌습니다. 이미 이 밤을 사용한 「최고급 마롱글라세(프랑스식 밤과자—역자 주)」의 상품화가 진행되고 있습니다.

떫은 감의 교묘함이 "대단하다"

밤과 함께 「떫은맛」을 대표하는 과일로 감이 있습니다. 밤 열매는 속껍질을 제거하면 떫은맛이 사라집니다. 그러나 감의 떫은맛은 한층 더 성가십니다. 왜냐하면 감의 떫은맛은 밤의 속껍질처럼 한곳에 모여 있는 것이 아니라, 과육과 과즙 속에 녹아들어 있기 때문입니다. 그 덕분에 떫은 감 열매는 곤충이나 새에게 먹히지 않습니다. 하지만 열매 안의 씨앗이 만들어지면 떫은 감의 열매라도 떫은맛이 사라지고 달아집니다.

「떫은 감」이 떫은맛을 잃어버리고 「단감」이 될 때 「떫은맛이 빠졌다」고 표현합니다. 그런데 사실 떫은맛은 빠져나가는 것이 아닙니다. 감의 떫은맛 성분은 밤의 속껍질 성분과 같은 「타닌」이라는 물질입니다. 따라서 떫은 감이란 타닌이 과육과 과즙에 녹아들어 있는 감이라고 할 수 있습니다.

과육과 과즙에 들어 있는 타닌은 녹지 않는 상태인 「불용성」으로 변화하는 성질이 있습니다. 타닌이 불용성 상태가 되면 타닌을 함유한 감의 과육과 과즙을 먹어도, 입안에서 타닌이 녹아 나오지 않기 때문에 떫은맛을 느끼지 못하게 됩니다. 과육과 과즙에 함유된 타닌을 불용성 상태로 만드는 것을 「떫은맛을 뺀다」고 표현합니다.

그러므로 「떫은 감에서 떫은맛이 빠져 단감이 되는」 현상이 일어난다고 단맛이 증가하는 것은 아닙니다. 또한 떫은맛 성분인 타닌이 사라지는 것도 아닙니다. 떫은맛이 느껴지지 않게 되면서 떫은맛에 감춰져 있던 단맛이 부각되는 것뿐입니다.

타닌을 불용성으로 만드는 것은 「아세트알데히드」라는 물질입니다. 아세트알데히드라고 하면 생소하게 느껴질지도 모릅니다. 하지만 우리에게는 상당히 친근한 물질입니다. 특히 술을 마시는 사람이라면 끊을 수 없는 관계가 있습니다. 술에 함유된 알코올은 술을 마신 뒤 체내에 흡수되어 혈액 속에 들어가 아세트알데히드가 되기 때문입니다.

이 물질이 바로 「취한다」고 표현되는 증상을 일으키는 원흉입니다. 얼굴이 빨개지거나 심장 박동이 빨라지거나 가슴이 두근거리는 것은 이 물질 때문입니다. 더욱 심한 경우에는 구토를 하거나, 다음 날 아침 두통 등의 숙취 증상이 나타나기도 합니다.

우리의 경우 이 물질의 혈중농도가 높아지면 이렇게 되는 것입니다. 한편 떫은 감 속에 발생한 이 물질은 과육과 과즙에 들어 있던 타닌과 반응하여, 타닌을 불용성 상태로 바꿔놓습니다. 그리고 이 아세트알데히드라는 물질은 감 열매 속에서 씨앗이 만들어짐에 따라 생성됩니다.

아세트알데히드에 의해 타닌이 불용성 타닌으로 변화한 모습은 감 열매 속에 「검은깨」처럼 나타납니다. 이것은 입안에서 녹지 않으므로 먹어도 떫은맛이 느껴지지 않습니다. 검은깨 같은 검은 반점이 많은 감일수록 떫은맛은 연해진 것입니다.

이처럼 떫은 감은 자연히 달아집니다. 감 열매는 씨앗이 생기기 전 어릴 때는 곤충이나 새에게 먹히지 않도록 떫은맛을 냅니다. 그러다 씨앗이 완성되면 단맛으로 변해, 새 등 동물을 통해 씨앗을 운반합니다. 무척이나 교묘하고 "대단한" 장치를 갖추었다고 할 수 있습니다.

감의 2대 품종은 「부유(富有)」와 「평핵무(平核無)」입니다. 「부유」는 「단감의 왕」이라고 하지만, 단점도 있습니다. 바로 씨가 있는 것입니다. 한편 「평핵무」는 씨가 없어 먹기 좋기 때문에 인기가 있습니다. 그러나 이것은 본래 떫은 감입니다. 떫은 감이 자연히 단맛이 되기까지는 상당한 시간이 필요한데, 우리는 그때까지 기다리기가 힘듭니다.

그래서 최근에는 인위적으로 「떫은 감에서 떫은맛을 빼는」 기술이 발달하였습니다. 덕분에 소비자는 떫은맛을 느끼지 않고 이 감을 먹을 수 있습니다. 「이 감은 원래 떫은 감」이라는 사실을 모르고 먹는 사람이 많을 것입니다.

과육과 과즙에 들어 있는 타닌을 인위적으로 불용성으로 만드는 방법은 감 열매의 호흡을 멈추는 것입니다. 감 열매도 살아 있습니다. 따라서 우리처럼 「산소를 흡수하고 이산화탄소를 방출」하는 「호흡」을 하는데, 이 호흡을 인위적으로 멈추면 열매 속에 아세트알데히드가 생성됩니다.

이렇게 떫은 감의 호흡을 멈추는 방법이 「떫은맛을 빼는」 기술입니다. 여기에는 다양한 방법이 있습니다. 예를 들어 떫은 감을 더운물에 담급니다. 더운물 속에 담긴 감은 호흡을 할 수 없습니다. 그러므로 아세트알데히드가 생깁니다. 찬물이 아닌 더운물에 담그는 것은 온도가 조금 높아야 아세트알데히드가 쉽게 생기기 때문입니다.

알코올이나 소주를 이용하는 방법도 있습니다. 감이 호흡하는 꼭지 부분에 알코올이나 소주를 묻히고, 비닐봉지에 넣어 밀봉합니다. 그러면 호흡은 못 하면서 알코올이나 소주를 흡수한 감에서는 아세트알데히드가 발생하기 쉬워져 떫은맛이 빠집니다.

또한 이산화탄소를 가득 채운 봉지에 떫은 감을 넣기도 합니다. 이산화탄소로 가득 찬 봉지 안에는 산소가 없어 호흡을 할 수 없습니다. 이산화탄소 대신 드라이아이스를 넣기도 합니다. 드라이아이스는 기체 상태의 이산화탄소를 낮은 온도에서 냉각시킨 것이므로, 녹으면 이산화탄소가 발생합니다. 따라서 드라이아이스를 넣는 것도 이산화탄소를 가득 채우는 것과 같은 효과를 기대할 수 있습니다.

「떫은 감을 곶감으로 만들면 달아진다」는 것도 잘 알려진 사실입니다. 떫은 감의 껍질을 벗기고 말리면 과육 표면이 딱딱하고 두꺼워집니다. 그 때문에 공기가 열매 내부로 못 들어가 호흡을 할 수 없게 되어 아세트알데히드가 발생합니다.

오랫동안 일본에서 재배되어온 감은 예전에는 대부분의 농가 마당에 심어져 있을 정도로 인기 있는 과일이었습니다. 품종도 다채로워 약 100년 전의 조사에서는 1,000종 이상이 기록되기도 하였습니다. 하지만 최근에는 「젊은이들에게 인기 없는 과일」로 인식됩니다. 그 이유 중 하나는 향이 없기 때문입니다. 그리고 칼로 껍질을 깎기 어려운 것도 한몫합니다.

선호되지 않는 또 다른 커다란 원인은 타닌이 불용성이 되면서 생기는 깨 같은 검은 반점입니다. 이것이 과육 안에 있어 맛없어 보이기 때문에 멀리하는 것입니다. 그러나 그 검은 반점이 있기에 감의 떫은맛을 느끼지 않고 맛있게 먹을 수 있습니다. 겉보기는 별로일지도 모르지만, 과육에 검은깨가 많은 감이 맛있으니 무조건 피하지 말고 한번 먹어보세요.

「통증」으로 느껴지는 맛은 "대단하다"

우리는 「맛」을 어디로 느끼는 것일까요? 「맛」은 혀에 있는 미뢰라는 기관이 느낍니다. 미뢰가 느끼는 것은 「단맛」, 「신맛」, 「짠맛」, 「쓴맛」이며 최근에는 여기에 「감칠맛」이 더해져 총 5종류의 미각을 느낄 수 있습니다. 다만 그렇다면 「매운맛」은 「맛」에 포함되지 않는다는 말이 됩니다. 「짠맛」과 「매운맛」을 혼동하는 경우도 있지만 둘은 다른 것입니다(일본어로 매운맛을 의미하는 카라미에는 짠맛이라는 뜻도 있다-역자주). 「짠맛」은 「소금기를 머금은」 맛으로, 「얼얼하게 맵다」고 표현되는 「매운맛」과는 다릅니다.

사실 「매운맛」이라는 맛은 없으며, 「맵다」고 하는 것은 혀가 「아프다」고 느끼는 것입니다. 따라서 지나치게 매운 음식을 먹으면 「혀가 따끔따끔하다」고 느껴져 「알싸하게 맵다」고 표현하기도 하는데, 그것이 정확한 감각입니다.

대부분의 식물이 이 「매운맛」을 가지고 있습니다. 여뀌, 고추, 무, 와사비, 갓, 후추, 생강, 산초 등이 대표적입니다. 이 식물들은 먹히지 않도록 매운맛으로 몸을 지키는데, 그 매운맛 성분은 식물의 종류마다 서로 다릅니다. 각각의 식물이 독자적인 지혜를 짜내 만들어낸 것이기 때문입니다.

우리가 「매운맛」이라고 표현하는 한 가지 맛을 식물들은 저마다 각기 다른 물질로 만들어내고 있습니다. 각각의 식물이 화학자처럼 "대단한" 힘을 가진 것입니다. 그 "대단함"에는 감탄하지 않을 수 없습니다.

그래도 모든 곤충과 새 등 동물에게서 도망칠 수 있는 것은 아닙니다. 사람의 취향이 가지각색임을 나타내는 「여뀌 잎도 즐겨 먹는 벌레가 있다」는 속담처럼, 매운 여뀌를 즐겨 먹는 벌레도 있기 때문입니다.

이 표현이 흔히 사용되는 것에 비해 여뀌의 맛은 의외로 잘 알려져 있지 않습니다. 「여뀌는 무슨 맛일까」 궁금하다면 생선회에 곁들여진 작은 붉은색 식물을 조금 먹어보세요. 그것이 여뀌의 싹으로, 알싸한 매운맛이 납니다.

여뀌의 매운맛을 내는 것은 「폴리고디알」이라는 성분입니다. 「여뀌 잎도 즐겨 먹는 벌레가 있다」는 말대로 그 맛을 좋아하는 벌레가 정말 있는지는 알 수 없지만, 그 맛을 싫어하는 벌레는 많을 것입니다. 그들로부터 여뀌는 확실히 몸을 지킬 수 있습니다.

「톡 쏘는 매운맛」은 무의 독특한 특성입니다. 무는 십자화과의 식물로 원산지는 유럽 남부라는 설이 있으나 확실하지는 않습니다. 일본에서 부르던 옛 이름은 봄의 일곱 가지 나물 중 하나인 「스즈시로」라고 합니다.

무가 가진 「톡 쏘는 매운맛」은 우리의 미각을 자극하고 식욕을 돋우며, 다른 요리의 맛을 부각시키는 효과가 있습니다. 하지만 잎과 뿌리를 갉아 먹는 벌레들에게는 결코 달갑지 않을 것입니다. 무의 매운맛은 「알릴이소티오시아네이트」라는 물질에 의한 것입니다. 이 물질에는 발암을 억제하는 기능이 있다고 합니다.

「무 머리에 우엉 꼬리」라는 말이 있습니다. 무 한 개를 떠올려보세요. 어디가 뿌리이고 어디가 줄기일까요? 사실 무는 줄기와 뿌리의 경계가 명확하지 않지만, 윗부분은 줄기이고 아랫부분은 뿌리입니다.

이 말에서 「무 머리」를 언급한 앞 구절은 잎과 가까운 위쪽 「머리」에 해당하는 부분은 맛있지만, 뾰족한 끝의 「꼬리」에 해당하는 부분은 맵고 맛이 없다는 것을 의미합니다. 무는 뾰족한 선단 쪽이 자라납니다. 그러므로 「선단이 벌레 먹지 않고 자라기 위해서 매운맛 성분을 많이 가지고 있다」고 일컬어집니다.

한편 「우엉 꼬리」라는 구절은 「우엉은 잎과 가까운 상부가 딱딱한 데 비해, 뾰족한 끝부분이 부드럽고 맛있다」는 의미입니다. 우엉도 선단이 자라납니다. 따라서 어린 조직인 선단이 부드러운 것은 당연하다고 할 수 있습니다. 하지만 그렇다면 우엉도 무와 마찬가지로 뾰족한 선단이 맛없어야 합니다. 벌레에게 먹히면 곤란하기 때문입니다. 그런데 어째서 우엉은 선단 쪽이 맛있어도 되는 것일까요?

우리가 우엉을 먹을 때는 아린 맛과 쓴맛, 떫은맛 등의 성분을 제거하는 「우려내기」를 할 필요가 있습니다. 말하자면 우엉은 전체적으로 떫고 쓴맛을 많이 함유하고 있으며, 이 떫고 쓴맛이 벌레에게 먹히지 않도록 몸을 지켜줍니다. 그래서 우려내기를 한 다음 먹을 때는 자라나는 선단 쪽이 신선하고 부드러우며 맛있는 것입니다.

와사비는 무와 같은 십자화과의 식물로, 그 매운맛이 유명합니다.

매운맛 성분도 무와 같은「알릴이소티오시아네이트」입니다. 다만 와사비는 갈아내기 전에는 그렇게 맵지 않습니다. 갈아낸 뒤에야 강렬한 매운맛이 나는데, 이것은 매운맛 성분인 알릴이소티오시아네이트가 생성되는 원리에 기인합니다.

와사비에는「시니그린」과「미로시나아제」라는 두 가지 물질이 들어 있습니다. 시니그린은 알릴이소티오시아네이트가 생기기 전의 물질로 아직 매운맛이 없습니다. 미로시나아제는 시니그린에 작용하여 알릴이소티오시아네이트를 만들어내는 물질입니다.

갈아 으깨기 전의 와사비 안에는 시니그린과 미로시나아제 두 물질이 접촉하지 않도록 배열되어 있습니다. 와사비가 으깨지면 두 물질이 접촉 반응하여 시니그린에서 알릴이소티오시아네이트가 생기는 것입니다. 이 물질이 매운맛 성분이기에 갈아낸 와사비는 매운맛이 납니다.

와사비는 초밥이나 생선회 등 일본 요리에 잘 어울립니다. 그도 그럴 것이 와사비는 일본 원산의 식물이기 때문입니다. 와사비의 학명은「와사비아 야포니카」입니다.「와사비아」의「와사비」는 일본어「와사비」입니다. 학명은 라틴어로 지으므로「와사비」가 라틴어화하여 어미「아」가 붙은 것입니다. 따라서「와사비아」는 이 식물이 와사비속이라는 것을 나타내며,「야포니카」는 일본 출신이라는 것을 의미합니다. 와사비는 영어명도「와사비(wasabi)」입니다.

「본(本)와사비」라고 부르는 일본 원산의 와사비는「설피닐」이라는 물질을 다량 함유하고 있습니다. 이것은「항균 작용과 혈액 순환에 효과」가 있어 신약 개발 등이 기대됩니다.

한편 튜브형 와사비와 가루 와사비에는 서양와사비가 사용되는데, 여기에는 설피닐이 거의 함유되어 있지 않습니다. 서양와사비도 와사비와 같은 십자화과지만, 와사비속이 아니라 서양와사비속의 식물입니다. 원산지는 동유럽이며 영어명은 「호스래디시」입니다.

갓은 십자화과의 식물로 아시아가 원산지입니다. 매운맛은 같은 십자화과인 와사비와 마찬가지로 시니그린에서 만들어집니다. 그리고 갓의 씨앗을 갈아 가루로 만든 것이 「겨자」입니다. 이 가루에 물을 넣고 개면 가루에 함유된 미로시나아제가 활성화하여, 시니그린을 알릴이소티오시아네이트로 변화시킵니다.

「겨자와 와사비의 매운맛 성분이 동일한 알릴이소티오시아네이트라고 하지만, 맛이 다르지 않은가」 하는 의문이 생길지도 모릅니다. 그 원인은 매운맛과 함께 들어 있는 그 밖의 성분이 겨자와 와사비 간에 서로 다르기 때문으로, 매운맛 성분 자체는 같습니다.

후추, 생강, 산초도 "맵다"고 표현합니다. 그러나 이들은 각각 후춧과, 생강과, 운향과에 속하는 식물로서 식물학적 유연관계는 없습니다. 그래서 이들의 매운맛 성분은 저마다 다릅니다.

후추는 「피페린」과 「차비신」, 생강은 「진저롤」과 「쇼가올」, 산초는 「산쇼올」 등의 물질이 매운맛 성분입니다. 이 식물들은 각자 독자적으로 매운맛 나는 물질을 생성함으로써 곤충과 새 등 동물에게서 몸을 지키고 있는 것입니다.

「향신료의 왕」이라 일컬어지는 후추는 검은후추와 흰후추가 유명합니다. 검은후추는 설익은 열매를 말린 것이며, 흰후추는 잘 익은 열매의 과피를 제거한 것입니다. 매운맛 정도는 검은후추가 흰후추보다 강하지만, 매운맛 성분은 같습니다.

「후추를 통째로 삼킨다」는 속담이 있습니다. 후추는 그대로 삼키면 맵지 않고, 씹어 먹어야 매운맛이 느껴집니다. 이에 비유하여 「매사를 표면적으로 받아들이면 진정한 의미와 의의를 알 수 없으니, 잘게 씹어 음미해야 한다」고 가르치곤 합니다.

생강을 요리할 때는 「가급적 껍질을 벗기지 말고 깨끗하게 씻으며, 더러운 부분만을 도려내라」고 합니다. 생강의 매운맛 성분 「진저롤」이 껍질 바로 안쪽에 많이 함유되어 있기 때문입니다. 벌레의 위협에 가장 효과적으로 대처할 수 있는 부분에 매운맛이 집중된 것입니다.

산초 열매는 예로부터 「알이 작고 톡 쏘게 맵다」고 하였습니다. 다만 이 식물은 매운맛으로 열매를 지키는 동시에, 가지와 줄기에 달린 날카로운 가시로 열매를 먹기 힘들게 방해하기도 합니다.

스트레스로 매운맛을 변화시키는 "대단함"

고추의 매운맛 성분은 「캡사이신」이라는 물질입니다. 이 물질명은 고추의 속명 「캡시컴」에서 유래한 것입니다. 2008년 미국 워싱턴대학의 연구팀은 「고추가 매운맛으로 몸을 지킨다」는 연구 성과를 발표하였습니다.

연구팀은 고추의 원산지인 열대 아메리카의 볼리비아에 자생하는 고추를 곤충이 많은 지역과 적은 지역 등 일곱 곳에서 채취하여, 함유된 캡사이신의 양을 조사하였습니다. 그랬더니 「곤충이 많은 지역의 고추는 캡사이신을 다량 함유하고, 곤충이 적은 지역의 고추는 캡사이신을 거의 함유하고 있지 않다」라고 하는 결과가 도출되었습니다.

곤충이 많은 지역의 고추에 캡사이신이 많은 이유는 「곤충이 열매를 갉아 먹으면 표면에 상처가 생겨 거기로 병원균이 침입한다. 병원균이 열매 안에 침입해 번식하면 씨앗이 죽고 만다. 그것을 방지하기 위한 것이다」라고 설명할 수 있습니다. 캡사이신은 병원균의 번식을 방해하는 작용을 합니다. 따라서 「곤충이 많은 지역의 고추는 다량의 캡사이신을 지니고 몸을 지킨다」는 말입니다.

고추는 매운맛이 납니다. 그래서 「고추처럼 매우면 새가 열매를 못 먹으므로, 씨앗을 배설물과 함께 퍼뜨리지 못하는 것이 아닐까」하는 걱정도 됩니다. 하지만 걱정할 필요는 없습니다. 「새는 매운맛을 느끼는 감각이 없어 열매를 먹고 씨앗을 배설물과 함께 퍼뜨릴 수 있기」 때문입니다.

「그렇구나」 하고 납득하면서도 마음에 걸리는 것이 있습니다. 「새는 매운맛을 느끼는 감각이 없다」고 했는데, 까마귀는 캡사이신의 매운맛을 느끼는 듯 보인다는 점입니다. 까마귀가 쓰레기봉투를 찢고 안에 든 것을 헤쳐 놓기 때문에 많은 사람이 곤란해하여, 이를 막기 위해 까마귀 방지용 그물을 판매하고 있습니다.

까마귀 방지를 위해서는 물론 그물의 색도 중요하지만, 그 그물에는 「까마귀가 싫어하는 캡사이신이 들어 있다」고 적혀 있습니다. 정확히 어느 정도인지는 알 수 없으나, 나름대로 효과가 있는 모양입니다. 그렇다면 까마귀는 매운맛을 느낄 수 있다는 말이 됩니다. 「여뀌 잎도 즐겨 먹는 벌레가 있다」를 흉내 내자면 「매운맛도 즐겨 먹는 새가 있다」가 될 것입니다.

같은 고추라도 매운맛이 다른 경우가 있습니다. 그 원인 중 하나는 품종의 차이입니다. 가짓과 식물인 고추는 품종이 수없이 많습니다. 매운 품종도 있고 그렇게 맵지 않은 품종도 있습니다. 맵기로 유명한 품종은 「다카노쓰메(鷹の爪)」이며, 맵지 않은 품종으로는 「만간지(万願寺) 고추」와 「시시(獅子) 고추」 등이 있습니다. 피망과 파프리카도 맵지 않은 고추의 일종입니다.

　「시시 고추」는 흔히 「꽈리고추」라 부르는 가장 친근한 품종입니다. 텃밭에서 꽈리고추를 재배해본 사람이라면 누구나 「한 포기에 열린 열매라도 저마다 매운맛이 다르다」는 경험을 하지 않았을까요.

　꽈리고추를 먹다 보면 몇 개 중 하나는 「우와, 매워!」라고 느껴지는 꽈리고추가 당첨됩니다. 다만 「당첨됩니다」라고 말하면서도, 이것이 과연 진짜로 "당첨"인지 "꽝"인지는 애매한 느낌이 있습니다. 결국 사람의 취향에 따라 제각각일 것입니다.

　이 경우 한 포기에 열린 열매이므로, 품종의 차이로는 매운 이유를 설명할 수 없습니다. 한 포기에 열린 꽈리고추의 매운맛이 다른 것은 「성장 도중 스트레스를 많이 받으면 매워진다」고 하는 현상 때문입니다.

　「온도와 수분, 햇볕 등의 조건이 좋을 때 쑥쑥 자란 꽈리고추는 매운맛이 덜하다」고 합니다. 반면에 더위, 건조, 가뭄 탓으로 물 부족 같은 스트레스를 느끼며 천천히 자란 꽈리고추는 매운 경향이 있습니다. 고생해서 자란 꽈리고추는 「맛이 깊어지는」 것일까요. 마치 세상 물정 모르고 자란 허약 체질을 나무라는 듯한 현상으로, 우리들 인간의 경우에도 어느 정도 들어맞지 않을까 합니다.

그렇다면 이번에는 「같은 포기 안에서도 온도와 수분, 햇볕 등의 환경 차이가 생길까」 하는 의문이 들지도 모릅니다. 같은 포기 안의 부분에 따라서는 햇볕의 차이가 조금은 있겠으나, 온도나 수분 차이는 없습니다. 하지만 같은 포기에 달린 꽈리고추라도 열리는 시기가 다릅니다. 따라서 시기에 따라 온도와 수분, 햇볕 등의 환경 차이가 발생하며, 때문에 꽈리고추의 맛에도 차이가 생기는 것입니다.

동물이 캡사이신을 싫어한다는 사실이 최근 화제가 되었습니다. 문화재 건물에 사용되는 「편백나무 껍질 지붕」을 라쿤(아메리카너구리)이 파손하는 것이 그 배경으로, 이를 막기 위해 도료에 캡사이신을 섞어 「편백나무 껍질 지붕」에 뿌린다고 합니다. 「라쿤이 싫어하여 접근하지 않게 되는 효과」가 있습니다.

그뿐만 아니라 이 물질은 「편백나무 껍질 지붕」의 부식을 방지합니다. 부식을 가속시키는 세균이 이 물질을 싫어하기 때문일 것입니다.

(2) 쓴맛과 신맛으로 몸을 지키다

「쓴맛」의 성분은?

「쓴맛」으로 표현되는 맛의 대표 중 하나는 여주의 어린 열매가 내는 맛입니다. 여주는 「여지(荔枝)」라고 부르거나, 덩굴성 식물이므로 덩굴 만(蔓) 자를 붙여 「만여지」라고 부르기도 합니다. 한자로는 「고과(苦瓜)」라고 씁니다. 「쓴맛을 가진 박」이라는 의미로, 여주가 박과 식물이라는 사실을 알 수 있는 이름입니다. 영어로도 「비터 멜론」으로, 「쓴(비터) 박과 식물(멜론)」을 의미합니다.

우리가 먹는 여주는 익기 전의 것으로 쓴맛이 조금 납니다. 이 여주의 쓴맛을 잘 느낄 수 있는 것으로 「여주볶음」이 있습니다. 이 요리는 지금에야 전국적으로 즐기지만, 본래 여주의 산지인 오키나와현(沖縄県)의 향토요리입니다. 그리고 그 여주의 쓴맛을 내는 것이 「쿠쿠르비타신」, 「모모르디신」과 「카란틴」 등의 성분입니다.

「이름이 이상한 물질」이라고 생각할지도 모르지만, 각각 타당한 유래가 있습니다. 여주는 박과(쿠쿠르비타케아이)에 속하며, 학명은 「모모르디카 카란티아」입니다. 학명은 그 식물이 속하는 속명과 그 식물의 특징을 나타내는 종소명(種小名)으로 이루어지는데, 쓴맛의 원인이 되는 「쿠쿠르비타신」은 박과의 과명 「쿠쿠르비타케아이」에서 유래합니다. 또한 「모모르디신」은 여주의 속명 「모모르디카」에서, 「카란틴」은 종소명 「카란티아」에서 따온 것입니다.

여주는 다 익으면 씨앗 주위가 붉은 젤리처럼 되면서 단맛을 띱니다. 열매가 익기까지는 안의 씨앗이 미성숙하므로, 동물에게 먹히지 않도록 쓴맛으로 씨앗을 지키는 것입니다. 그리고 씨앗이 완성되면 동물이 와서 먹을 수 있게 씨앗 주위가 단맛을 내며 맛있어집니다. 숟가락으로 그 과육을 떠먹을 수도 있습니다. 한편 다 익은 뒤에도 먹지 않고 방치하면 맛있는 열매를 자랑하기라도 하듯 갈라지기 시작합니다.

「아리다」는 것은 어떤 맛?

「아리다」고 표현되는 맛이 있습니다. 이 맛의 대표는 「죽순」입니다. 죽순을 먹을 때는 이 아린 맛이 제거되도록 충분히 삶아야 합니다. 그때 쌀겨를 함께 넣어줍니다. 「쌀겨를 함께 넣으면 물만 넣었을 때보다 죽순의 아린 맛 성분이 수십 배나 잘 녹아 나온다」고 합니다.

죽순은 쌀겨를 넣은 물에 충분히 삶은 다음 먹기 때문에 우리가 먹을 때는 「아린 맛」이 사라져 있습니다. 그래서 「아리다」는 것이 어떤 맛인지 알 수 없습니다. 사전에는 「독성이 강하여 목구멍을 따끔따끔하게 자극하는 맛」이라고 적혀 있습니다.

시다(酸), 달다(甘), 맵다(辛), 쓰다(苦) 등의 한자는 잘 알려져 있습니다. 하지만 「아리다(癢)」는 어려운 한자이기 때문인지 쉽게 찾아볼 수 없습니다. 그래서 많은 사람이 「아리다」는 맛과 한자를 잘 모릅니다.

「대답하기 곤란하다」는 것을 알면서도 『아리다』는 것은 어떤 맛?」이냐고 물으며 『아리다』는 것은 어떤 한자?」냐고 답을 요구하는 것

죽순 (일러스트 · 호시노 요시코)

은 "아린" 질문일 것입니다. 아리다를 의미하는 일본어 「에구이」에는 「독성이 강하여 목구멍을 따끔따끔하게 자극하는 맛」과는 별도로, 또 하나 「사람을 매우 불쾌하게 만든다」는 의미가 있습니다.

참고로 일본에서는 「덩굴 렴(蘞)」 자를 써서 「아리다」는 단어를 나타냅니다. 그리고 죽순의 주요 아린 맛 성분은 「호모겐티신산」이라는 물질입니다.

신맛의 힘은 "대단하다"

괭이밥이라는 잡초가 있습니다. 예쁜 하트 모양 작은 잎 세 장이 붙어 있는 것이 이 식물의 특징인데, 식물학적으로는 이 작은 잎 세 장이 하나의 잎입니다.

봄부터 가을까지 오랜 기간에 걸쳐, 엽침(葉枕, 잎자루 아래의 약간 볼록한 부분–역자 주)으로부터 뻗어 나온 꽃줄기에 다섯 갈래로 갈라진 작

괭이밥 (촬영 · 다나카 오사무)

은 노란 꽃을 피웁니다. 이 꽃은 밝은 태양 빛이 비칠 때는 열리고, 날씨가 흐린 날에는 닫혀 있습니다. 집 마당과 화단 주변, 공원과 교정 등 어디에서나 나는 잡초입니다.

괭이밥 잎으로 닦은 10엔짜리 동전. 사진 왼쪽(뒷면)만 닦았습니다. 닦지 않은 오른쪽(앞면)과의 차이를 한눈에 알 수 있습니다. (촬영 · 다나카 오사무)

이 잡초를 발견하면 잎 몇 장을 뜯어, 오래되어 광택을 잃은 10엔짜리 동전을 세게 문질러 닦아보세요. 잎사귀에는 꽤 많은 즙이 함유되어 있습니다. 손가락에 묻어 녹색 즙이 손이나 옷에 물드는 것이 걱정이라면, 즙이 손에 직접 닿지 않도록 장갑 대신 얇은 비닐봉지 안에 손을 넣고 잡으면 됩니다.

이 식물의 잎으로 오래된 10엔짜리 동전을 닦으면, 문지른 부분에 금세 반짝반짝 윤이 나는 것이 보일 것입니다. 신선한 잎을 더 뜯어 오래된 10엔짜리 동전을 빈틈없이 문지르면, 순식간에 동전 전체가 반짝입니다.

오래된 10엔짜리 동전에 다시 윤이 나는 것은 괭이밥 잎에 함유된 「옥살산」이라는 물질 덕분입니다. 옥살산은 시큼한 맛이 나는데, 영어명을 「옥살릭애시드」라고 합니다. 이 이름은 괭이밥의 속명 「옥살리스」에서 따온 것이며, 그리스어로 「옥살리스」는 「시다」를 의미합니다. 「애시드」는 「산(酸)」이라는 의미로, 합치면 「시큼한 산」이 되니 정말이지 듣기만 해도 실 것 같은 이름입니다.

괭이밥의 일종으로 자주괭이밥이라는 식물이 있습니다. 괭이밥과 같은 괭이밥과에 속하는 이 식물은 시가지의 집 근처 길가와 돌담 사이 등에서 자랍니다. 초여름에 꽃줄기가 잎보다 높이 뻗어 나오는 데, 그 끝부분에서 다섯 장의 깔때기 모양 꽃잎을 가진, 잡초라고는 생각되지 않는 사랑스러운 꽃이 피어납니다. 홍자색 꽃이 몇 개씩 달린 꽃줄기는 잇따라 뻗어 나와, 매일매일 포기마다 많은 꽃을 피웁니다.

괭이밥 잎보다 한층 큰 세 장의 하트 모양 잎을 가진 것이 이 식물의 특징입니다. 속명은 「옥살리스」로 괭이밥처럼 잎에 「옥살산」을 함유하고 있습니다. 따라서 이 잎으로 오래되어 광택을 잃은 10엔짜리 동전을 닦으면 역시 반짝반짝해집니다.

괭이밥과 자주괭이밥은 모두 아주 가까운 곳에 있는 잡초입니다. 그러니 쉽게 찾을 수 있을 것입니다. 실험을 통해 꼭 확인해보세요. 이들 잎은 딴 지 얼마 안 된 신선한 것이 아니더라도 상관없습니다. 잎을 비닐봉지에 넣고 밀봉하여 냉장고에 보존하는 방법도 있습니다. 잎에 즙이 남아 있는 상태라면 언제든 쓰고 싶을 때 사용 가능합니다.

「괭이밥과 자주괭이밥 잎은 왜 이러한 성질을 갖는 것일까」 생각해보세요. 이것은 잎이 벌레 등에게 먹히는 것을 방지하기 위해서입니다. 괭이밥과 자주괭이밥은 옥살산을 다량 함유하여 잎을 맛없게 만듭니다. 그 신맛으로 벌레나 새 등 동물에게서 잎을 지키는 것입니다. 「괭이밥 잎을 즐겨 먹는 것은 부전나비 애벌레 정도밖에 없다」고 합니다.

레몬 과즙에도 신맛이 나는 물질이 들어 있다는 것은 잘 알려진 사실입니다. 그러므로「레몬 과즙으로도 오래되어 광택을 잃은 10엔짜리 동전을 반짝거리게 만들 수 있지 않을까」생각하는 사람이 있을 것입니다. 시험 삼아 레몬 과즙으로 오래된 10엔짜리 동전을 닦아보았더니 예상대로 광택을 되찾았습니다.

레몬은 과즙을 짜낼 수 있습니다. 따라서 문지르는 것뿐만 아니라, 과즙 안에 오래된 10엔짜리 동전을 담가두는 것도 가능합니다. 과즙을 짜내 그 액체에 오래된 10엔짜리 동전을 수십 분 정도 담가두면 다시 광택이 납니다.

다만 레몬의 신맛 성분은「옥살산」이 아닌「시트르산」이라는 물질입니다. 시트르산은「우리 인간의 피로 회복에 효과가 있다」고 하는 물질입니다. 몸속에서 시트르산을 통해 많은 에너지가 발생하기 때문입니다.

시트르산은 매실장아찌에도 다량 함유되어 있으며, 매실장아찌의 피로 회복 효과는 이 물질 덕분이라고 합니다. 또한 세정제에도 사용되는데, 때를 벗기는 것은 물론 금속을 윤이 나게 하는 기능이 있습니다.

그 밖에도 신맛으로 몸을 지키는 식물이 있습니다. 예를 들어 수영은 일본어명을 스이바(酸葉)라고 하는데, 신맛이 나는 잎이라는 이름처럼 잎에 신맛을 내는 옥살산을 함유합니다. 그리고 수영과 같은 마디풀과의 참소리쟁이 잎에도 옥살산이 들어 있습니다.

영귤이나 귤 등 감귤류 과실이 가진 신맛의 정체도 같은 감귤류인 레몬과 마찬가지로 시트르산입니다. 완전히 익어 열매 속 씨앗이 다 만들어질 때까지, 신맛을 이용해 벌레나 새 등 동물에게서 몸을 보호하는 것입니다.

식물이 가진 신맛 성분은 다종다양합니다. 「옥살산」과 「시트르산」 이외에도 신맛 사과의 주된 신맛 성분인 「말산」이 있습니다. 이처럼 「신맛」이라고 뭉뚱그려 말해도 식물마다 그 성분은 서로 다릅니다.

우리 인간의 경우, 옥살산을 조금 맛봐도 「시다」고 느끼는 정도입니다. 또한 레몬이나 영귤이 함유한 시트르산의 신맛은 식욕을 돋우거나 요리의 맛을 끌어내는 효과가 있습니다. 말산의 신맛은 「살짝 산미가 있다」고 표현되어 호의적인 느낌을 줍니다.

그러나 대부분의 벌레와 새 등 동물에게 시큼한 옥살산과 시트르산, 말산의 맛은 상당히 강한 기피 효과를 나타냅니다. 그래서 식물들은 신맛으로 벌레와 새 등 동물로부터 몸을 지킬 수 있는 것입니다.

미러클 프루트의 생각은?

신기한 과일이 있습니다. 크기는 2센티미터가 채 되지 않는 빨간 타원체 열매입니다. 이 열매는 단맛이 거의 없어, 먹어도 희미한 단맛밖에 느낄 수 없습니다. 그런데 이 열매를 먹은 뒤 레몬처럼 신 것을 먹으면, 신기하게도 그 신맛을 「달다」고 느끼게 됩니다.

이 과일은 서아프리카 원산의 리카델라라고 하는 산람과 식물의 열매입니다. 「신기한 과일」이라고 알려졌던 이 열매는 신기함을 넘어선 「기적의 과일」로서 「미러클 프루트」라 불리고 있습니다.

단맛을 느끼게 하는 성분은 「미라쿨린」이라고 명명되었습니다. 다만 이 성분은 신 물질을 단맛이 나는 물질로 변화시키는 것이 아닙니다. 「입안에 미라쿨린이 있으면, 신 물질이 들어올 때에 한하여 단맛을 느끼는 감각이 「민감해진다」고 하는 원리임이 밝혀져 있습니다.

보통 신 음식이라고 해도, 그 안에는 「단맛」도 포함되어 있습니다. 시다고 느끼는 것은 「신맛」이 「단맛」보다 강하기 때문입니다. 그런데 미라쿨린을 섭취한 다음 신 것을 먹으면, 단맛에 민감해져 신맛조차 달다고 느끼는 것입니다.

이것을 먹은 뒤에는 「시큼한 요구르트가 달콤한 푸딩처럼 느껴진다」거나 「신 귤에서 잘 익은 단 귤의 맛이 난다」거나 「매실장아찌의 신맛이 꿀처럼 단맛으로 바뀐다」고 합니다.

「미러클 프루트는 어째서 이런 성질을 가진 과일을 만드는 것일까」 궁금증이 생깁니다. 이 과일을 먹어본 동물이 신 것이 달게 느껴진다는 사실을 알고 「이제 이 열매는 먹지 말자」고 생각하게 만들기 위해서일까요. 이 경우 「단맛」은 「디저트」로서 우리에게는 인기 있는 맛이지만, 「곤충이나 새에게는 괴로운 맛일 것이다」라고 전제할 필요가 있습니다.

혹은 이 열매를 먹으면 그 뒤에 신 열매를 먹어도 달고 맛있게 느껴지므로, 이 열매를 즐겨 먹을 가능성도 생각할 수 있습니다. 그 덕분에 미러클 프루트는 씨앗을 멀리 퍼뜨릴 수 있는 것이 아닐까요. 이 경우 「곤충과 새는 단 것을 매우 좋아한다」는 전제 조건이 필요합니다.

이 열매는 우리 인간에게는 도움이 됩니다. 이 과일을 먹으면 당분을 섭취하지 않고 단맛을 즐길 수 있습니다. 따라서 단맛이 나는 식품의 섭취가 엄격히 제한되는 당뇨병 환자들도 이 열매가 있으면 당분 없이 단맛을 즐기는 식생활을 영위할 수 있는 것입니다.

최근 개나 고양이 등 애완동물도 당뇨병에 걸린다고 합니다. 이들 애완동물의 식생활에도 이 열매는 유용할 것입니다. 하지만 설마 당뇨병에 걸린 사람과 개와 고양이를 위해 이 열매가 이런 성질을 가지고 있는 것일 리는 없습니다.

「곤충이나 새가 이 열매를 먹고 어떻게 느낄까」 또는 「이 열매는 왜 이렇게 신기한 맛을 가지고 있을까」 하는 것은 정확히 알 수 없습니다. 이름 그대로 정말 「신기한 과일」입니다.

지금까지 「떫은맛」, 「쓴맛」, 「신맛」, 「매운맛」, 「단맛」 등의 맛으로 식물들이 곤충이나 새 같은 동물에게서 몸을 지키고 있다고 소개하였습니다. 곤충과 새가 어떤 맛을 좋아하고 어떤 맛을 싫어하는지는, 잎과 열매 중에서 먹히는 것과 먹히지 않는 것을 관찰하면 어느 정도는 추측이 가능합니다.

그러나 눈에 보이지 않는 병원균은 어떤 맛을 좋아하고 싫어하는지, 그 미각을 상상할 수 없습니다. 때문에 식물들의 "맛"을 「병원균도 싫어하여, 병원균에게서 몸을 보호할 수 있는 것」이라고 추정하면서도 실제로 어떤지는 알지 못하는 것입니다.

다만 확실하게 곤충에게 먹히지 않도록 방어하는 한편으로, 병원균의 감염을 막고 병원균을 퇴치하기 위한 물질을 가진 식물들이 있습니다. 그 체계의 "대단함"을 다음 장에서 소개합니다.

제3장

병에 걸리기 싫어!

(1) 채소와 과즙에 들어 있는 방어물질

「끈적끈적」한 액체로 몸을 지키는 "대단함"

식물들은 동물에게 잡아먹히지 않도록 방어하는 것뿐만 아니라, 병에 걸리지 않고 건강을 유지할 필요도 있습니다. 그러기 위해서는 몸에 침입하려는 병원균을 퇴치해야 합니다. 그래서 대부분의 식물들은 여러 가지 물질을 몸에 지니고 있습니다.

잎자루나 꽃자루를 꺾으면 진이 분비되는 식물이 있습니다. 이를테면 민들레가 그렇습니다. 민들레의 잎자루나 꽃자루를 꺾으면 "하얀 진"이 나옵니다. 이 하얀 액체가 "젖"과 같이 보인다고 하여, 일본에서는 민들레를 유초(乳草, 지치구사)라고도 부릅니다.

이 하얀 진은 잎자루나 꽃자루를 꺾었을 때뿐만 아니라, 곤충 등의 동물이 잎자루나 꽃자루를 갉아 먹었을 때도 나옵니다. 약간 끈끈하기 때문에 작은 곤충은 이 액이 몸에 묻으면 패닉 상태가 되어 더 이상 갉아 먹지 못합니다.

필자가 직접 시험해본 적은 없지만 「이 액을 개미에게 뿌리면 개미는 움직일 수 없게 된다」고 합니다. 또한 「이 액에는 떫은맛이 있다」고도 하니, 곤충은 더욱더 갉아 먹을 마음이 사라지지 않을까요. 이런 액이 나오는 곳이라면 병원균도 접근하지 못할 것입니다.

관엽식물로 판매되는 "고무나무"는 인도 원산의 뽕나뭇과 식물입니다. 잎을 줄기에서 잘라내면 하얀 액이 걸쭉하게 흘러나오는데, 이 액으로 고무를 만듭니다. 건강한 고무나무라면 잎에 상처를 내는 것만으로 잎에서 하얀 액이 나옵니다. 곤충은 그런 액을 싫어할 것이 틀림없습니다. 병원균도 이 상처를 통해서는 감염될 수 없을 것입니다.

참마의 식용부나 오크라 열매를 상처 입히면 미끈미끈하면서도 점성이 있는 액이 나옵니다. 이러한 점성은 액에 함유된 「뮤신」이라는 물질에 의한 것입니다. 뮤신은 끈적끈적한 성질로 갉아 먹으려 드는 곤충들을 괴롭히는데, 특히 몸의 표면에 있는 기문(気門)이라는 숨구멍으로 호흡하는 곤충이라면 이 액에 기문이 막혀 호흡을 할 수 없게 되고 맙니다. 그러한 액이 나오는 식물은 병원균도 피하지 않을까 생각합니다.

끈적끈적한 뮤신 성분을 함유한 식물은 참마와 오크라 외에 토란, 몰로키아, 신선초 등이 있습니다. 우리가 뮤신을 먹으면 「위의 점막 등을 보호하는 데 도움이 된다」거나 「단백질 분해를 돕는 작용을 한다」고 합니다. 뮤신은 곤충과 병원균에게는 불쾌한 물질이지만, 우리에게는 건강을 지켜주는 물질인 것입니다.

연근을 자를 때 늘어지는 실의 점성 성분도 뮤신입니다. 끈끈한 연근을 식초에 담그면 아삭아삭 식감이 좋아지고, 가열하면 점성이 떨어집니다. 이는 식초의 성분인 아세트산이라는 강한 산이나 높은 온도를 만나면 뮤신의 성질이 변화하기 때문입니다.

단백질을 분해하는 과즙의 "대단함"

무화과 열매나 열매가 달린 자루 부분을 꺾으면 절단면에서 조금 걸쭉한 하얀 액이 나옵니다. 곤충과 새 등의 동물이 무화과를 먹으려고 열매나 열매자루를 깨물면 이 진액이 나오는 것이니, 퇴치 효과가 충분하다고 할 수 있습니다. 이런 액이 나오는 곳에는 병원균과 곤충이 접근하지 않을 것입니다.

게다가 이 액에는 단백질을 분해하는 「피신」이라는 물질이 함유되어 있습니다. 그 덕분에 무화과를 넣고 고기요리를 만들면 고기의 단백질이 분해되어 고기가 부드러워집니다. 또한 식후에 무화과를 먹으면 소화가 촉진됩니다.

「무화과를 사용한 요리를 하면 손가락의 지문이 없어진다」는 말을 들어보았을 것입니다. 어느 TV 프로그램에서 이 말이 사실인지 검증한 적이 있습니다. 실제로 무화과를 사용해 요리를 했더니 「무화과를 만지던 손가락의 지문이 사라지기 시작했다」는 결과가 나왔습니다.

그리고 그 원인으로 「무화과에서 나오는 하얀 액체가 단백질을 분해하는 작용을 하기 때문」이라는 설명이 덧붙여졌습니다. 다만 「손가락의 지문이 사라지기 시작했다」고 해도 실제로 없어진 것이 아니라, 기분 탓에 그렇게 느껴지는 측면이 있을지도 모릅니다. 그만큼 「무화과를 사용한 요리를 하면 손가락의 지문이 없어진다」는 것은 믿기 어려운 말입니다. 그 진위는 신중하게 확인할 필요가 있습니다.

무화과는 하얀 유액으로 고기를 부드럽게 만들거나 지문을 없애려는 의도를 가진 것은 아닙니다. 이 하얀 유액은 열매를 먹으려 드는 곤충이나 애벌레의 몸을 구성하는 단백질을 분해함으로써, 먹히는 상황에 저항하기 위한 것입니다. 또한 상처 입었을 때 침입해오는 병원균을 퇴치하려는 목적도 있습니다.

파인애플의 과즙에도 「브로멜라인」 혹은 「브로멜린」이라 불리는 단백질 분해 물질이 함유되어 있습니다. 이 물질도 병원균이나 곤충에게는 해롭지만, 고기 요리에 첨가하면 고기를 부드럽게 만들어주고 소화를 돕는 등 우리에게는 도움이 됩니다.

탕수육에도 파인애플이 들어갑니다. 상당히 안 어울리는 조합이라고 느껴지지만, 넣기 시작한 당시 파인애플은 고가의 과일이었기 때문에 탕수육의 고급스러운 느낌을 강조하는 데 일조했을 것입니다. 다만 현실적으로는 고기를 부드럽게 만들고 소화를 돕는 효과를 기대하며 넣습니다.

파인애플을 너무 많이 먹으면 입 주위가 얼얼해지는 경우가 있습니다. 파인애플에 옥살산칼슘의 침상결정(針狀結晶)이 들어 있는 것이 그 원인 중 하나입니다. 거기다 브로멜라인이 입 주위 피부와 점막의 단백질을 분해하여 상처 입히는 것도 또 다른 원인입니다.

파파야에는 「파파인」, 키위에는 「악티니딘」, 멜론에는 「쿠쿠미신」이라는 물질이 함유되어 있습니다. 이것들은 모두 단백질을 분해하는 물질로서, 무화과나 파인애플과 마찬가지로 곤충 등에 해를 입히고 병원균을 퇴치하기 위한 것입니다. 우리의 경우에는 단백질을 분해하는 성질을 이용해서 요리에 넣어 고기를 부드럽게 만들거나, 고기와 함께 먹어 소화를 촉진하는 등 유용하게 사용합니다.

「야트로파 쿠르카스」라는 식물이 있습니다. 열대 아메리카가 원산지인 대극과 나무입니다. 이 식물이 가진 하얀 유액과도 같은 수액 속에는 비눗방울을 만드는 비누와 동일한 성분이 함유되어 있습니다.

가지를 5~10센티미터 잘라낸 다음 그 가지를 빨대처럼 불면 절단면에 비눗방울이 만들어집니다. 그래서 이 나무를 「비눗방울나무」라고 부르기도 합니다.

곤충 등이 이 나무를 갉아 먹으면 미끄러운 비누 같은 액이 흘러 나옵니다. 그러므로 곤충이 싫어하는데, 싫어할 뿐 아니라 몸에 묻 거나 마시기라도 하면 피해를 입습니다. 이 나무에게 비눗방울 액은 병원균이나 곤충과 새 등 동물로부터 몸을 지키기 위한 물질인 것입 니다.

무환자나무라는 무환자나뭇과 식물이 있습니다. 최근에는 별로 찾아볼 수 없게 되었지만, 옛날에는 설날에 아이들이 하네츠키(배드민 턴과 비슷한 일본의 전통놀이-역자 주)를 하곤 했습니다. 그 하네츠키에 사 용하는 깃털 달린 검은 공으로 쓰이던 것이 이 나무의 열매입니다.

이 열매에도 「사포닌」이라는 비누 성분이 함유되어 있어 「옛날에 는 비누 대신 사용했다」고 전해지며, 「그 액으로 비눗방울도 만들 수 있다」고 합니다. 비눗방울나무의 액과 같은 효과를 가져, 병원균이 나 곤충과 새 등 동물로부터 몸을 지키는 역할을 하고 있습니다.

(2) 질병에 걸리지 않도록

딱지를 만들어 몸을 지키는 식물들의 "대단함"

식물의 생명은 우리들 인간의 생명과 비교하면 하잘것없다고 생 각하기 쉽습니다. 그렇지만 식물도 우리와 같은 구조로 살아가며, 같은 고민을 안고 있습니다. 그리고 그 고민을 해결하기 위해 매일 노력합니다. 그 노력이 드러나는 현상 하나를 소개하고 싶습니다.

「엽서나무」라 불리는 식물이 있습니다. 이 식물의 잎은 긴 것의 경

이것이 「엽서나무」라 불리는 「다라엽」의 잎입니다.

메시지를 적은 「엽서나무」 (촬영 · 다나카 오사무)

우 길이 약 20센티미터, 폭 7~8센티미터로 상당히 크지만 딱히 별다른 점 없이 평범합니다. 그런데 이 잎을 한 장 뜯어 그 뒷면에 못이나 가는 철사, 혹은 잉크가 떨어진 볼펜 등 끝이 조금 뾰족한 것으로 글자를 쓰면 처음에는 희미하게 글자가 보입니다.

그러나 몇 분이 채 지나지 않아 글자의 검은빛이 진해지면서 선명한 검은 글자가 드러납니다. 이 잎의 뒷면은 연녹색이라 철사 등으로 상처 입은 부분이 검게 변하면 글자가 눈에 잘 띕니다. 시간이 지남에 따라 글자는 점점 더 선명해져 똑똑히 읽을 수 있습니다. 간단한 그림을 그리면 그림도 또렷이 나타나게 됩니다.

우편엽서의 「엽서」라는 단어는 「잎 엽(葉)」 자와 「글 서(書)」 자로 이루어집니다. 옛날 잎사귀에 글을 적었던 것이 「엽서」의 어원이라고 합니다. 이 식물의 잎에 글자가 선명히 떠오르는 것을 보면 이 식물은 「엽서나무」라 불리기에 손색이 없다고 할 수 있습니다.

그런데 「엽서나무」는 정식 명칭이 아닙니다. 그러므로 많은 식물

다라엽 (촬영 · 다나카 오사무)

도감의 표제어에서는 이 이름을 찾을 수 없습니다. 진짜 이름은 「다라엽」입니다. 「다라엽」이라는 이름도 이 나무의 잎에 글자를 적을 수 있다는 데서 유래합니다.

옛날 인도에서는 야자과 식물 「다라수(多羅樹)」의 잎에 철필(鉄筆)로 불경을 적었다고 합니다. 거기에서 유래하여 잎에 글자를 쓸 수 있는 「엽서나무」가 「다라엽(多羅葉)」이라고 이름 붙여진 것입니다. 다라엽은 감탕나뭇과의 식물로 원산지는 아프리카입니다.

우정성(郵政省, 현 일본우편(日本郵便))은 1997년 「엽서나무」라는 점을 들어 다라엽을 「우체국의 나무」로 정하고 우체국을 「상징하는 나무」로서 도쿄(東京) 중앙우체국, 오사카(大阪) 중앙우체국, 교토(京都) 중앙우체국 등 많은 우체국에 심었습니다.

지금도 필자가 살고 있는 교토에서는 교토 중앙우체국과 교토 북부우체국의 정원에 자라고 있습니다. 그보다 작은 소규모 우체국 앞에도 심어져 있는 경우가 많으니, 독자 여러분의 집 근처 우체국에도 있을 것입니다. 나무 옆에는 「우체국의 나무『다라엽』」이라고 적힌 작은 팻말이 서 있기 때문에 쉽게 찾을 수 있습니다.

「이 잎사귀에 120엔짜리 우표를 붙여 우체통에 넣으면 엽서로서 제대로 도착한다」고 합니다. 이 요금은 「규격 외」 우편 요금입니다. 「규격 외」 취급이라면 두께와 무게, 크기에 제한은 있으나 규정 요금 만 지불하면 판지든 골판지든 보낼 수 있습니다. 따라서 이 잎사귀 만 특별 취급을 받는 것은 아닙니다.

「철사로 상처 입힌 부분이 검게 변해 글자가 또렷이 나타나는 성 질은 잎에게 어떤 의의가 있는 것일까」 하는 의문이 들 것입니다. 이 성질은 잎이 몸을 지키기 위한 방법 중 하나입니다.

곤충 등이 잎을 갉아 먹어 상처가 나면 그곳으로 병원균이 들어옵 니다. 그래서 검은 물질로 굳혀 병원균이 들어오지 못하도록 상처를 덮어버리는 것입니다. 인간의 경우에 비유하면 이 현상은 상처에 딱 지가 생기는 것과 비슷합니다.

이것은 잎이 살아 있기에 일어나는 반응입니다. 그러므로 수분이 없어 마른 잎에는 글자를 쓸 수 없습니다. 만약 다라엽의 잎을 손에 넣는다면 아직 신선할 때 글자를 쓰도록 하세요.

사실 이 성질은 다라엽만의 것이 아닙니다. 다만 다라엽의 잎은 두툼하고 넓적하며, 평평한 부분이 넓어 글자를 많이 쓸 수 있습니 다. 또한 이 식물의 잎 뒷면에는 잎맥이 거의 눈에 띄지 않고, 잎의 표피가 얇아 글자를 쓰기가 쉽습니다. 한번 쓴 글자는 날짜가 지나 도 읽기 힘들어지지 않고, 오랫동안 글자가 깨끗하게 보존된다는 점 에서도 다라엽의 잎은 훌륭한 소재입니다.

우리 주변에 있는 나뭇잎 중에도 글자가 선명하게 드러나는 것은 의외로 많습니다. 예를 들어 마당이나 산울타리에 심어진 광나무와 당광나무 잎 등이 그렇습니다. 식나무, 팔손이나무, 스킨답서스, 카나리 아이비, 홍콩야자 등도 시간이 지나면 잎 뒷면에 쓴 글자가 선명해집니다.

이처럼 많은 식물의 잎이 상처를 검은 물질로 굳혀 병원균의 침입을 막고 있습니다. 식물도 우리와 마찬가지로 건강한 생활을 바라기에, 병원균이 감염되어 질병에 걸리지 않도록 하고 있는 것입니다. 주변에 있는 나뭇잎으로 꼭 한번 시험해보세요. 마치 우리처럼 상처를 딱지로 덮는 모습을 보면 식물들의 방어체계에 감탄이 나오는 동시에, 식물들이 사랑스럽게 느껴지기도 할 것입니다.

「잎에 철사로 적은 글자가 검게 부각되는 것은 병원균의 침입을 막기 위해서」라고 이해하고 나니, 이번에는 「어떤 원리로 글자가 검게 부각되는 것일까」 궁금해집니다. 이 현상은 바나나나 사과를 잘라 잠시 놓아두면 단면이 흑갈색으로 변하는 것과 같은 이치입니다. 다음 항에서 그 원리에 대해 소개하도록 하겠습니다.

딱지를 만드는 원리

바나나나 사과를 잘라 잠시 놓아두면 단면이 흑갈색으로 변합니다. 「어떤 원리로 바나나와 사과의 단면이 갈변하는 것인지」 한번 생각해보세요.

바나나나 사과 열매를 자르면 이전까지 껍질에 싸여 있던 과육과 과즙은 첫 만남을 경험합니다. 과육과 과즙이 처음으로 빛을 직접 쬐고, 공기와 접촉하는 것입니다. 「빛과의 만남, 공기와의 만남 중 갈변의 원인이 되는 것은 어느 쪽일까」 하는 의문은 간단한 실험을 통해 해결 가능합니다.

바나나나 사과를 캄캄한 곳에서 자른 다음, 그대로 빛을 차단한 상태로 두면 됩니다. 그러면 캄캄한 곳에서도 시간의 흐름에 따라 단면이 흑갈색으로 변색된다는 사실을 알 수 있습니다. 따라서 단면이 갈변하는 것은 빛 때문이 아닙니다. 한편 열매를 자르고 나서 랩에 싸거나 물에 담가두면 빛이 닿아도 변색되지 않습니다.

단면이 갈변하는 것은 공기와 처음 접촉하기 때문입니다. 하지만 단순히 공기와 접촉하기 때문이라고 하기에는 건조한 공기 중이든 습한 공기 중이든 단면은 흑갈색으로 변색됩니다. 그러니 공기 중의 습도가 원인은 아닙니다. 대체 공기의 무엇에 반응하는 것일까요.

간단히 말하면 공기 중에 포함된 기체와 반응하는 것입니다. 그런데 공기에 많이 포함되어 있는 기체는 질소와 산소입니다. 그리고 식물과 연관이 깊은 것은 광합성의 원료인 이산화탄소입니다. 이 중 단면이 갈변하는 원인이 되는 기체는 어느 것일까요.

그것은 산소입니다. 바나나와 사과의 과육과 과즙 속에는 산소와 반응하는 물질이 함유되어 있습니다. 바로 폴리페놀이라는 물질입니다. 폴리페놀이 공기 중의 산소와 접촉하여 흑갈색이 되는 것입니다.

폴리페놀이라는 물질은 바나나와 사과의 과육과 과즙 속에 존재합니다. 그러나 껍질을 벗기거나 열매를 자르지 않는 이상, 이 물질은 공기 중의 산소와 만날 일이 없습니다. 그래서 자르지 않은 열매 속에서는 갈변하지 않는 것입니다. 양상추, 우엉, 독활(独活) 등도 단면이 흑갈색으로 변하는데, 이들 역시 바나나나 사과와 같은 원리를 가지고 있습니다. 바나나나 사과가 갈변하면 지저분한 인상을 주며 먹음직스러워 보이지 않습니다.

그러므로 그것을 방지하기 위해서 물이나 식초에 담가 단면에 함유된 폴리페놀과 산소의 접촉을 차단합니다. 그러면 단면은 흑갈색이 되지 않습니다. 옛날부터 이들 식재료를 조리할 때 이용되던 방법으로 생활의 지혜입니다.

「바나나와 사과 등의 단면이 흑갈색이 되는 것은 과육과 과즙 속에 함유된 폴리페놀이라는 물질이 공기 중의 산소와 반응하기 때문입니다」라는 설명은 틀린 것은 아닙니다. 하지만 조금 더 자세히 설명하자면, 이 반응을 진행시키기 위해서는 과육과 과즙 속에 또 다른 물질 하나가 더 필요합니다. 그것은 「폴리페놀산화효소」라는 물질입니다. 이 물질이 산소와 폴리페놀의 반응을 진행시켜, 폴리페놀을 흑갈색으로 만드는 것입니다.

그렇다면 이번에는 「이 물질이 없으면 갈변하지 않는 것일까」 하는 의문이 떠오릅니다. 「갈변하지 않는다」가 그에 대한 답입니다. 그것을 증명이라도 하듯 「시간이 흘러도 단면이 흑갈색으로 변하지 않는 사과」가 새로운 품종으로서 개발되었습니다. 「아오모리 현(青森県) 사과시험장」에서 개발된 「아오리 27호」라는 품종입니다.

이 사과는 일반적인 사과와 같은 양의 폴리페놀을 가지고 있습니다. 그런데도 자르고 나서 시간이 지나도 흑갈색으로 변하지 않습니다. 그 이유는 폴리페놀산화효소를 아주 조금밖에 가지고 있지 않기 때문입니다. 그래서 폴리페놀과 산소의 반응이 진행되기 어려운 것입니다.

막 갈아낸 사과의 과육과 과즙은 하얀빛을 띠지만, 시간이 조금

지나면 흑갈색이 됩니다. 그러나 「아오리 27호」를 갈아낸 과육과 과즙은 시간이 경과해도 좀처럼 변색되지 않습니다. 폴리페놀산화효소가 극단적으로 적어 폴리페놀과 산소의 반응이 진행되지 않기 때문입니다.

엽서나무라 불리는 다라엽 잎에 철사로 글자를 쓰면 그 글자가 검게 부각되는 것은 바나나와 사과의 절단면이 갈변하는 것과 완전히 같은 이치입니다. 잎에 상처가 나면 그 속에 들어 있던 폴리페놀을 함유한 즙이 공기와 접촉하고, 폴리페놀산화효소가 반응을 진행시켜 검게 변하는 것입니다. 상처가 나지 않은 부분은 산소와의 접촉도 없기에, 그런 반응이 일어나지 않습니다. 따라서 글자 탓에 상처 입은 부분만이 검게 부각됩니다.

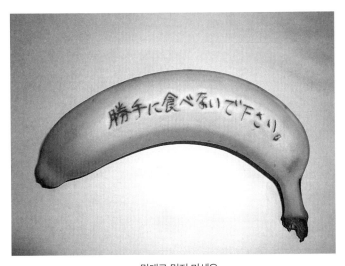

맘대로 먹지 마세요.

바나나 「메모」 (촬영 · 다나카 오사무)

잎사귀는 아니지만 같은 원리로 글자를 쓸 수 있는 것이 바나나 껍질입니다. 바나나 껍질에도 폴리페놀과 폴리페놀산화효소가 함유되어 있습니다. 그래서 껍질에 상처를 내고 시간이 지나면, 폴리페놀산화효소의 작용으로 폴리페놀이 흑갈색으로 변합니다.

바나나 껍질에는 상당히 선명하게 글자가 나타납니다. 그러므로 신선한 바나나 껍질이라면 「엽서」까지는 아니더라도, 사소한 전언을 남기기 위한 「메모지」 정도로는 충분히 사용할 수 있습니다.

(3) 향기는 괜히 나는 것이 아니다!

곰팡이와 병원균을 퇴치하는 "대단함"

푸른 숲 속을 걷는 「삼림욕」을 하면 무척 기분이 좋습니다. 그런데 「삼림욕」이라고 부르는 것을 보면 삼림에서 무언가를 쐬는 모양입니다. 「삼림 속에서 무엇을 쐬어야 기분 좋을지」 한번 생각해보세요.

작은 새의 지저귐만이 들려오는 「고요함」일까요, 아니면 숲을 가득 뒤덮은 촉촉한 습기일까요. 그도 아니면 숲의 나무들이 광합성을 통해 방출하는 산소일까요. 혹은 「무언가를 쐰다고 하는 것은 기분 탓이며, 특별히 무언가를 쐬지는 않을 것」이라고 생각하는 사람도 있을 것입니다.

사실 삼림욕에서 쐬는 것은 나무들의 잎과 줄기에서 나오는 은은한 향기입니다. 삼림욕에서는 소나무와 편백나무 등의 수목이 내뿜는 향을 쐬는 것입니다. 수목의 향을 힘껏 들이마시면 몸도 마음도

개운해집니다.

　수목은 잎과 줄기에서 향을 뿜어냅니다. 이러한 향들은 우리 생활 속에서 입욕제나 화장품 등에 사용되고 있습니다. 그 덕분에 우리는 마음에 위안을 얻고 심신을 회복하며, 숙면과 식욕을 돕는 효과를 누립니다.

　「아로마세라피」 또는 「아로마테라피」라는 말이 있습니다. 아로마는 「방향(芳香)」을 뜻합니다. 그리고 「세라피」와 「테라피」는 「치료」나 「요법」을 의미합니다. 식물의 꽃이나 잎의 향기를 맡으며 마음을 가라앉히고 스트레스를 경감시켜 몸과 마음의 건강을 꾀하는 치료법입니다.

　「향기」라고 하면 이렇듯 「온화한」 이미지가 있습니다. 하지만 식물들의 향기는 온화하지만은 않습니다. 몸을 지키기 위해 곰팡이와 병원균을 퇴치하는 임무도 짊어지고 있기 때문입니다. 「향기는 괜히 나는 것이 아니다」에 대한 예시를 소개하고자 합니다.

　편백나무 잎은 향이 좋습니다. 또한 살균 효과로도 유명합니다. 그래서 옛날부터 그러한 효과를 기대하며, 식품의 신선도를 유지하는 데 이용해왔습니다. 생선가게나 초밥집에서는 생선 밑에 편백나무 잎을 깔아두기도 합니다. 한편 예전에는 가을이 되면 많은 가게에서 송이버섯을 이 위에 소중히 얹어 판매하곤 하였습니다.

　편백나무는 잎뿐만 아니라 줄기와 가지의 목재도 향이 좋으며 그 향 덕분에 세균이나 벌레에 강합니다. 따라서 날것이 올라가므로 세균의 번식을 막아야 하는 「도마」, 습기가 높고 따뜻해 세균이 번식하기 쉬운 욕실에서 사용하는 「목욕통」이나 「의자」 등 목제품에 사용되고 있습니다.

편백나무 목재는 벌레 먹거나 부식되지 않고 오래 유지되어야 하는 건물과 창호, 혹은 고급 장롱 등의 가구에도 쓰입니다. 나라의 호류지(法隆寺)는 세계 최고(最古)의 목조 건축물로서 세워진 지 1,000년이 넘었는데 역시 건축 재료로 편백나무가 사용되었습니다.

편백나무에 함유되어 항균, 살균 작용을 하며 「나무 향」이라고 표현되는 것이 「히노키티올」입니다. 예로부터 일컫는 「편백나무 정유(精油)」의 성분이기도 합니다. 이처럼 식물의 잎과 줄기에서 방출되는 향을 「피톤치드」라고 부르는데 「피톤」이란 「식물」, 「치드」는 「죽이다」라는 의미의 러시아어입니다.

「피톤치드」는 식물들이 곰팡이와 병원균을 몰아내거나 퇴치하기 위한 향입니다. 앞에서 「삼림욕에서 쐬는 것은 나무들의 잎과 줄기에서 나오는 은은한 향기입니다」라고 소개하였습니다. 다만 향기가 은은한 반면 작용은 무척 대단합니다. 바로 그 은은한 향기가 곰팡이와 병원균을 몰아내고 퇴치하는 역할을 하고 있습니다.

우리는 생활 속에서 이러한 향기의 기능을 방충제나 방부제 등에 이용합니다. 가령 떡갈잎이나 벚잎을 두른 떡, 감잎초밥 등은 식물의 향기를 활용하여 음식의 보존을 꾀하는 예입니다. 조릿대와 대나무의 잎은 대나무잎밥, 조릿대경단, 송어초밥을 싸는 데 사용됩니다. 옛날에는 고기나 주먹밥 등을 포장할 때 대나무 껍질이 이용되었습니다.

최근에는 고기나 주먹밥을 포장하는 데 대나무 껍질이 쓰이는 경우가 적어졌습니다. 그래도 고등어초밥을 싸는 데는 지금도 대나무 껍질이 쓰입니다. 자연의 소재로 포장함으로써 고등어초밥에 고급

스러운 느낌을 줄 수 있다는 것도 한 가지 이유입니다.

하지만 그것만이 아닙니다. 고등어는 상하기 쉽습니다. 그래서 예로부터 어항(漁港)에 올라와 늘어선 고등어가 몇 마리인지 헤아릴 때는 시간을 지체하지 않고 서둘러 헤아렸습니다. 그러면 결과적으로 숫자는 엉터리가 됩니다. 숫자를 속여 이야기할 때「고등어를 세다」라고 표현하는 것은 여기에서 유래한 것입니다. 그렇게 상하기 쉬운 고등어가 부패하는 것을 늦추기 위해 대나무 껍질을 사용합니다.

「식물의 향이 정말로 그런 효과를 가진 것일까」하고 의심하는 사람도 있을 것입니다. 그 효과에 대해서는 실험을 통해 간단히 확인할 수 있습니다. 우선 작은 용기에 향기를 발산하는 식물, 이를테면 편백나무 잎이나 시판되는 식물 향 등을 넣습니다. 그리고 커다란 용기에 곰팡이가 슬기 쉬운 떡 같은 음식과 작은 용기를 함께 넣고 밀봉합니다. 향이 없을 경우 떡에는 금방 곰팡이가 피지만, 향이 있으면 곰팡이는 쉽게 피지 않습니다.

피톤치드는 이처럼 곰팡이와 세균을 죽이거나 번식을 억제합니다. 그뿐만 아니라 더욱 강하게 식물 씨앗의 발아를 억제하는 효과도 나타냅니다. 이를 확인하기 위해 밀폐 가능한 용기 두 개를 준비하여 각각 양상추 씨앗과 그것이 발아할 수 있도록 물을 담은 작은 접시를 넣습니다. 그리고 한쪽 용기 안에만 녹나무 잎을 갈아 넣은 접시를 놓아둡니다. 그 후 두 용기를 밀봉하고 빛이 비치는 따뜻한 곳에 두는 것입니다.

향이 없는 용기 안의 씨앗은 다음 날이면 발아하여 성장하기 시작합니다. 그러나 녹나무 잎을 갈아 넣은 용기 안의 씨앗은 며칠이 지나도 발아하지 않습니다. 녹나무 잎의 강한 향이 양상추 씨앗의 발아를 억제하기 때문입니다.

녹나무 잎은 방충제에 사용되는 「장뇌(樟腦)」라는 강한 향을 함유하고 있습니다. 나무에 달린 잎은 거의 향이 나지 않지만, 벌레가 갉아 상처를 내면 향이 발산되기 시작합니다. 벌레를 쫓기 위한 향입니다. 따라서 실험을 할 때는 으깨거나 잘게 써는 것입니다.

마른 잎이 되어도 부모를 지키는 "대단함"

벚나무 잎이 아직 푸르던 초가을에 이런 질문을 받았습니다. 「며칠 동안 계속 비가 오다 갠 날, 벚나무 가로수 길을 자전거로 지나간 적이 있어요. 그랬더니 벚잎떡 향기가 은은하게 감도는 것처럼 느껴졌습니다. 비에 젖은 벚나무 잎에서는 벚잎떡 향기가 나나요?」라는 질문이었습니다.

벚잎떡을 감싸는 벚나무 잎에서는 먹음직스러운 달콤한 향이 배어나 식욕을 자극합니다. 이것은 「쿠마린」이라는 물질의 향입니다. 하지만 벚나무에 우거진 녹색 잎을 뜯어내 냄새를 맡아도 벚잎떡의 향은 나지 않습니다.

벚나무는 잎이 벌레 먹어 상처 입었을 때 그 향을 발산하여 자신의 잎을 지키는 것입니다. 그 향은 우리에게는 먹음직한 기분 좋은 향이지만, 벌레에게는 불쾌한 향입니다. 따라서 잎을 구겨 상처투성이로 만들면 벌레 먹은 것과 같은 상태가 되어 잠시 후 그 향이 은은하게 감돌기 시작합니다.

상처가 없는 녹색 잎에는 쿠마린이 되기 전의 물질이 함유되어 있습니다. 이 물질에는 아직 향기가 없습니다. 잎에는 또 한 가지 물질이 함유되어 있는데, 그것은 쿠마린이 되기 전의 물질을 쿠마린으로 바꾸는 작용을 하는 물질입니다.

다만 상처가 없는 상태의 녹색 잎 안에서는 두 가지 물질이 접촉하지 않도록 되어 있습니다. 그러므로 쿠마린이 되지 않고 향도 발생하지 않습니다. 그런데 잎이 상처 입거나 죽어버리면 이 두 가지 물질이 서로 만나 반응합니다. 그 결과 쿠마린이 되어 향기를 내는 것입니다.

그러니 벚나무의 녹색 잎이 며칠간 비를 맞는다고 해서 벚잎떡 향기, 즉 쿠마린의 향기가 감돌 리는 없습니다. 그렇다면 왜 질문의 경우에는 비가 갠 벚나무 가로수 길에서 벚잎떡 향기가 났던 것일까요.

원인은 가로수 길의 벚나무 밑동 주변에 쌓여 있는 벚나무의 오래된 낙엽입니다. 오래된 낙엽은 죽은 상태이므로 벚잎떡 향기가 은은하게 납니다. 하지만 맑은 날이 계속되면 낙엽은 바싹 말라 더 이상 수분을 함유하지 않고, 그렇기 때문에 향도 거의 나지 않습니다. 그러다 며칠간 비가 내리면 물을 듬뿍 머금은 낙엽에서 다시 벚잎떡 향기가 살짝 감돌게 됩니다.

이것은 쉽게 확인이 가능합니다. 비가 갠 날 벚나무 아래에서 수분을 듬뿍 머금은 오래된 낙엽 한 장을 주워 냄새를 맡아보세요. 벚잎떡 향기가 은은하게 날 것입니다.

대부분의 식물은 가을에 잎이 시들어 떨어집니다. 그러한 광경을 보면 쓸쓸한 기분이 들고 잎의 생명이 덧없게 느껴지기도 합니다. 그렇지만 잎은 서글프고 쓸쓸한 마음으로 생애를 마치는 것이 아닙니다.

　부모 나무 주위에 떨어져 마른 잎과 낙엽이 되어도 벌레에게 먹혀 배설물로 땅을 기름지게 만들거나, 미생물로 분해되어 흙으로 돌아가 「부엽토(腐葉土)」의 재료가 됩니다. 부엽토란 글자 그대로 낙엽이 썩어 거름이 된 흙입니다. 낙엽은 흙으로 돌아가 어린잎이 자라날 양식이 되어주는 것입니다.

　벚나무의 마른 잎과 낙엽은 그뿐만이 아니라 또 다른 역할도 합니다. 부모 나무의 밑동 주변에 떨어져 벌레가 싫어하는 향을 내뿜으며 부모를 지키고 있습니다. 부엽토가 되기 전 아슬아슬한 순간까지 향을 발산하는 것입니다. 잎이 살아가는 삶의 "대단함"을 실감하지 않을 수 없습니다.

제4장

잡아먹히고 싶지 않아!

(1) 독을 가진 식물은 특별한 것이 아니다!

유독 물질로 몸을 지키는 "대단함"

흔히 「아름다운 것에는 가시가 있다」고 하지 「아름다운 것에는 독이 있다」고는 하지 않습니다. 전자에는 장미라는 상징적인 식물이 있는 반면, 후자에는 상징이 될 만한 것이 없기 때문일까요. 그렇지는 않습니다. 「아름다운 것에는 독이 있다」는 말의 예는 얼마든지 있습니다. 몇 가지 소개하도록 하겠습니다.

「꽃나무의 여왕」이라 불리는 식물이 있습니다. 히말라야 산맥에 있는 나라 네팔에서는 「국화(國花)」로 지정된 식물입니다. 그래서 「히말라야의 꽃」이라고도 합니다. 일본에서는 시가 현(滋賀県)과 후쿠시마 현(福島県)의 「현화(県花)」로 정해져 있습니다. 비록 장미꽃 같은 화려함은 없으나 그 우아한 정취는 장미의 아름다움에 필적합니다.

이 식물은 집 마당과 공원에서 아주 평범하게 볼 수 있는 영산홍(映山紅)이나 대자철쭉과 같은 진달랫과 진달래속의 식물입니다. 하지만 일반적인 철쭉과 달리 여름에 서늘하고 적당한 습도가 유지되며 물 빠짐이 좋은 곳에서밖에 자라지 않습니다. 이런 조건을 만족시키는 장소는 깊은 산속입니다. 때문에 그곳에서 꽃 피는 이 식물의 모습은 「규중 영애」에 비유되곤 합니다. 인공적으로 집 마당 등에서 재배하기가 무척 까다로운 식물입니다.

그런 이 식물은 대체 무엇일까요. 바로 만병초(萬病草)입니다. 이 식물은 우아한 정취를 자아내는 꽃의 색과 모양만으로는 상상하기 어렵지만, 「로도톡신」이라는 유독한 물질을 가지고 있습니다. 깊숙

만병초 꽃 (촬영 · 다나카 오사무)

한 산속에서 벌레나 새 등의 동물과 병원균으로부터 몸을 지키며 살아야 하기 때문입니다.

투구꽃이 유독한 물질을 가진 것은 추리소설의 살인 장면 등에 자주 등장하여 유명합니다. 투구꽃에는 다양한 종류가 있는데, 학명을 「아코니툼 키넨세」라고 하는 종은 관상용 「카르미캘리투구꽃」으로 종소명이 「키넨세(chinense)」인 것에서 알 수 있듯이 중국 원산의 식물입니다. 한편 조두꽃의 학명은 「아코니툼 야포니쿰」으로 종소명 「야포니쿰(japonicum)」에서 나타나듯이 일본 원산입니다. 속명인 「아코니툼」은 이 식물이 고대 그리스에서 「아코니톤」이라 불린 데서 유래합니다. 「아코니톤」은 그리스어로 「방패」를 의미하는 「아코스」에서 따왔다고도 하고, 「아코네」라는 지명에서 따왔다고도 하나 정확한 어원은 알 수 없습니다.

투구꽃 (제공 · 홋카이도립위생연구소(北海道立衛生研究所))

투구꽃이 함유한 유독 물질은 「아코니틴」이라고 합니다. 이 이름은 속명인 「아코니툼」에서 유래한 것입니다. 잎에는 물론 꽃의 꿀과 꽃가루에도 이 물질이 들어 있습니다. 병원균에 감염되거나 동물에게 먹히지 않고 몸을 지키기 위해서입니다.

이 식물은 「독을 가지고 있다」는 사실이 잘 알려져 있어 많은 사람에게 「기분 나쁜 식물」이라는 인상을 줍니다. 그래서 보통 「이 식물이 어떤 꽃을 피우는가」에 대해서는 큰 관심을 갖지 않습니다.

그런데 이 식물은 아름다운 청색 꽃을 피웁니다. 이 꽃의 모양은 상상 속의 새 「봉황」의 머리를 본뜬 쓰개인 「도리카부토」를 닮았습니다. 그것이 투구꽃의 일본어명 도리카부토의 유래입니다. 영어로도 「몽크스후드(수도사의 두건)」라고 불립니다.

군생지에서는 온통 푸른 꽃이 피어 무척이나 아름답습니다. 꿀벌도 모여듭니다. 하지만 독이 있기 때문에 양봉업자들이 벌꿀을 모을 때는 이 식물의 꽃이 피는 장소와 시기를 피하고 있습니다.

이 장의 첫머리에서 『아름다운 것에는 독이 있다』고는 하지 않습니다』라고 소개하였으나, 때때로 어떤 식물을 그렇게 일컫기도 합니다. 그것은 벨라도나라고 하는 약용식물입니다. 이 이름은 이탈리아어로 「아름다운 여성」을 의미합니다.

이 식물의 학명은 「아트로파 벨라도나」로, 속명 「아트로파」에서 유래한 「아트로핀」이라는 유독 물질을 가지고 있습니다. 유독 물질을 가진 식물로서 추리소설에도 등장합니다. 「벨라도나」라는 이름은 어감도 좋아 「화사하고 아름다운 커다란 꽃」을 상상하게 만듭니다. 그렇다면 실제로는 어떤 꽃일까요.

가짓과인 이 식물의 꽃은 가지 꽃과 비슷하게 생겼습니다. 「아름다운 것에는 가시가 있다」고 일컬어지는 장미꽃과 같은 화려함은 없습니다. 「아름다운 것에는 독이 있다」고 소개한 만병초 꽃처럼 큰 것도 아닙니다. 장미나 만병초 꽃과 경쟁할 만한 아름다움은 없지만, 가짓과 식물 특유의 우아한 보랏빛을 가진 작은 꽃입니다.

「아름다운 여성」이라고 불리는 것은 유독 물질 「아트로핀」의 작용에서 유래합니다. 르네상스 시대 이탈리아 여성은 이 식물의 즙을 점안하였습니다. 그러면 아트로핀의 작용으로 동공이 확장되어 눈이 크고 아름답게 보였기 때문입니다. 물론 아트로핀의 독성이 알려지지 않은 시대였기에 가능한 일이었습니다.

아름다운 식물만 가시를 가진 것이 아니듯 아름다운 식물만 독을 가진 것도 아닙니다. 많은 식물들은 몸을 지키려는 목적으로 병원균과 동물에 유독한 물질을 가지고 있습니다.

지금부터 유독 물질을 가지고 있는 식물을 몇 가지 소개하겠습니다. 그러한 독들은 인간에게도 유독하므로 우리도 주의해야 합니다.

우리 주변에 있는 "대단한" 유독 식물

몇 년 전 유독 물질을 가진 어떤 식물의 잎이 세간의 주목을 끄는 소동이 일어났습니다. 우리 바로 곁에 있는 식물이기에 깜짝 놀란 사람이 많을 것입니다. 아직 그 식물에 대해 몰랐던 사람이 있다면 앞으로는 주의하는 것이 좋습니다.

그것은 수국의 잎입니다. 커다란 수국 잎이 장맛비에 씻겨 더욱 푸르게 반짝이면 벌레들뿐만 아니라 우리 눈에도 먹음직스러워 보입니다. 그런데 수국의 작고 어린잎에서도 크게 자란 잎에서도 벌레가 먹은 흔적은 거의 찾아볼 수 없습니다.

이 잎은 벌레에게 먹히는 것을 방지하기 위해 「청산(青酸)을 함유한 물질」을 가지고 있기 때문입니다. 청산은 살인에 이용되는 「청산가리」에 들어 있는 것과 같은 물질로 벌레와 인간 모두에게 유독합니다. 그래서 많은 벌레는 이런 무시무시한 물질을 가진 수국 잎을 갉아 먹지 않습니다.

그런데 이 잎이 유독 물질을 가졌다는 사실이 우리 인간에게는 별로 알려지지 않았습니다. 그 때문에 음식점 등에서 계절감을 연출하고자 요리에 곁들여 내는 경우가 생기는 것입니다. 손님은 요리 접시 위에 올라오면 「먹어도 되는 것」이라고 생각해 먹기 마련입니다. 그렇게 되면 구토나 현기증 등의 중독 증상이 나타나 소동이 벌어지고 맙니다. 수국 잎이 원인으로 2008년에만 적어도 2건의 사건이 발생했습니다.

사건이 된 2건은 각각 오사카 시와 이바라키 현 쓰쿠바 시(つくば 市)의 음식점에서 일어난 것이었습니다. 이 잎을 먹은 것이 원인으로 식중독이 발생한 것입니다. 신문과 TV에 보도되면서, 수국이 유독한 물질을 가졌다는 사실과 그 잎을 먹는 위험성이 세상에 널리 알려지게 됩니다.

그 후 수국 잎에 청산계 물질이 얼마나 함유되어 있는지 전문 기관에서 조사하였는데, 결과적으로 이바라키 현에서는 수국 잎에서 청산계 물질이 검출되지 않았습니다. 또한 오사카 시에서도 「수국 잎에 함유된 청산계 물질은 미량으로 그것이 원인이 되어 구토와 현기증 등의 식중독 증상이 나타났다고는 생각할 수 없다」라고 발표되었습니다.

이 발표는 예상 밖이었습니다. 오랫동안 「수국 잎은 청산계 유독 물질을 가졌다」고 전해져 왔기 때문입니다. 실제로 수국의 먹음직스럽고 예쁜 잎은 벌레 먹지 않습니다. 그리고 그 잎을 먹은 사람에게는 구토와 현기증 등의 중독 증상이 일어납니다. 그러므로 수국 잎 섭취로 인한 중독 증상이 있는 것은 분명합니다.

보도된 2건의 원인이 수국 잎이 아니라고는 생각하기 어렵습니다. 하지만 수국 잎이 원인이라면 왜 청산계 물질은 검출되지 않는 것일까요. 예로부터 「수국 잎은 청산을 함유한 물질을 가지고 있다」고 전해져 왔는데 이상한 일입니다.

어쩌면 「수국 잎에는 청산 계열과는 다른 독이 함유된 것이 아닐까」 하는 궁금증이 생깁니다. 만약 그렇다면 「그 유독 물질의 정체는 무엇일까」 하고 「수국의 불가사의」는 점점 깊어져만 갑니다. 최근 청산을 함유하는 새로운 물질이 발견되었다는 이야기가 있으며, 이 물질이 중독의 원인인가에 대한 검토도 계속되고 있습니다. 진상 규명이 기다려집니다.

수국 외에도 유독한 물질을 가진 식물은 여러 가지 있습니다. 우리 바로 곁에 있으면서 유독 물질을 함유한 것은 협죽도입니다. 잎 모양이 대나무 잎을 닮았고 분홍색 꽃은 복숭아꽃을 연상시킵니다. 그래서 「두 가지를 겸비한다」는 의미를 가진 「협(夾)」 자를 써서 협죽도(夾竹桃)라는 이름이 붙었습니다.

이 나무는 꺾꽂이로 손쉽게 개체 수를 늘릴 수 있고 배기가스에도 강해, 거리의 정원수나 가로수로 널리 심어져 여름철 내내 순백색과 분홍색 꽃을 피웁니다. 효고 현(兵庫県) 아마가사키 시(尼崎市), 가고시마 시(鹿児島市), 지바 시(千葉市), 히로시마 시(広島市)에서 「시화(市花)」로 지정되기도 하였습니다.

그런데 이 식물은 잎과 가지에 무서운 유독 물질을 가지고 있습니다. 「올레안드린」이라는 이름의 물질입니다. 이 이름은 협죽도의 영어명인 「올리앤더」에서 따온 것입니다. 이 유독 물질 덕분에 이 식물의 잎은 벌레에게 거의 먹히지 않습니다.

프랑스에서 이 식물의 가지를 바비큐 꼬치로 사용하는 바람에 몇 명이 사망하는 사건이 벌어진 적이 있습니다. 일본에서도 「메이지(明治) 시대(1868년-1912년) 초 세이난(西南) 전쟁(메이지 신정부에 저항한 일본 무사들의 반란-역자 주) 때 관군 병사가 이 식물의 가지를 젓가락으로 사용했다가 중독되었다」는 이야기가 전해집니다.

수국과 협죽도뿐만 아니라 우리 가까이에 있는 식물들은 유독한 물질을 가지고 있습니다. 갉아 먹히지 않도록 스스로 몸을 지키는 식물이 많은 것입니다.

만년청은 백합과의 식물로 1년 내내 잎이 푸른색을 띱니다. 그래서 「만년청(万年青)」이라는 이름이 붙었습니다. 길이 30~40센티미터 정도의 잎이 그루터기 중심에서부터 사방팔방으로 펼쳐 나오며, 초여름에는 그루터기 중심에서 짧고 굵은 꽃줄기가 올라와 작은 꽃이 많이 핍니다. 가을에는 빨갛고 동그란 열매가 열리는 것이 인상적인 식물입니다.

이 식물의 학명은 「로데아 야포니카」입니다. 「야포니카」는 일본을 의미하므로 일본에 자생하는 식물이라는 것을 알 수 있습니다. 뿌리와 줄기에 이 식물의 속명 「로데아」에서 유래한 「로덱신」이라는 유독 물질이 함유되어 있습니다.

코알라가 먹는 것으로 유명한 유칼리 잎에는 살인이나 자살에 이용되는 「청산」이 들어 있습니다. 그렇지만 코알라는 유칼리 잎을 먹습니다. 코알라는 유칼리 잎의 독성을 없앨 수 있는 구조를 가지고 있기 때문입니다.

코알라 자신에게는 이 독을 무독화하는 힘이 없으나, 장(腸) 속에 청산을 무독하게 만드는 세균이 살고 있습니다. 다만 갓 태어난 코알라의 장에는 이 세균이 없어, 어미는 새끼가 태어나면 「이유식」으로 자신의 배설물을 먹입니다.

어미의 배설물 안에는 청산을 무독화하는 능력을 가진 장내세균이 섞여 있습니다. 갓 태어난 코알라는 이유식으로 어미의 배설물을 먹을 뿐만 아니라 어미의 항문 근처를 열심히 핥습니다. 그렇게 자신의 장에 청산을 무독화하는 세균을 살게 함으로써 새끼는 유칼리 잎을 먹을 수 있게 됩니다.

코알라는 이러한 습성을 통해 부모에서 자식으로 이 소중한 장내 세균을 전하고 있는 것입니다. 그 덕분에 다른 동물이 먹지 않는 유독한 유칼리 잎을 거의 독점적으로 먹으며 살아갈 수 있습니다.

미국자리공이라는 식물이 있습니다. 북아메리카 원산의 자리공과 귀화식물로 굵은 적자색 줄기가 곧게 선 것이 인상적입니다. 높이는 1미터 정도이며, 가을에 구형의 짙은 적자색 과실이 포도처럼 열려 아래로 늘어집니다. 이 열매 속에 유독 물질인「피톨락카톡신」등이 함유되어 있습니다. 이 유독 물질의 이름은 미국자리공의 속명「피톨락카」에서 유래합니다.

남천이라는 식물의 학명은「난디나 도메스티카」라고 합니다. 이 식물의 잎은 경사스러운 날 지어 먹는 팥밥 등에 곁들이는데, 팥밥의 붉은색과 잎의 푸른색이 배색 효과를 냅니다. 그리고「남천(南天)」의 일본어 발음이「전화위복」을 뜻하는 난전(難転)과 같아 미신적인 의미도 갖습니다.

이 잎은 팥밥 위에 얹는 것만으로는 인간에게 아무런 해가 되지 않으며「방부 효과도 기대할 수 있다」고 합니다. 방부 효과를 내는 성분은「난디닌」으로 이 이름은 속명「난디나」에서 유래한 것입니다.

남천은 겨울에 새빨간 열매를 맺습니다. 이 열매를 건조시킨 것에는 기침을 멎게 하는 작용이 있는 물질이 함유되어 있습니다. 그래서 그 물질이 든「목캔디」가 시판되기도 합니다. 그 성분은「도메스틴」이라고 하는데, 학명의 종소명「도메스티카」에서 따온 이름입니다.

지금까지 많은 식물이 병원균이나 벌레와 새 등 동물들에게 유해한 물질을 만들어 몸을 지키고 있다는 것을 소개하였습니다. 여기에서 소개한 식물은 몇 종류를 제외하고는 우리 주변에 있는 식물들입니다. 우리 가까이에 있는 많은 식물이 유독 물질을 가지고 병원균의 침입을 저지하고, 벌레와 새 등 동물들의 위협을 피하며 살아가고 있는 것입니다.

그때마다 사용하는 유독한 물질은 각각의 식물이 저마다 지혜를 짜내 만들었을 것입니다. 그러한 물질들의 이름은 그 식물의 속명이나 영어명 등의 명칭에서 유래하여 붙여졌습니다. 즉 각기 구조가 다릅니다. 저마다 특유의 유독 물질을 만들어 몸을 지킨다는 점에서 식물들 각자가 독자적인 화학 물질을 만들어내는「화학자」라고 할 수 있습니다.

유독 물질로 식해를 방지하는 "대단함"

식물들은 유독 물질을 지니고 있으면 동물에게 먹히는 식해(食害)를 피할 수 있습니다. 이는 이론상으로는 충분히 이해가 가능합니다. 그런데 과연「실제 자연 속에서 그런 현상을 확인할 수 있을지」궁금해집니다.

그 의문에 답이 되는 두 가지 예를 소개하려고 합니다. 하나는 나라공원을 통해 잘 알려진 것입니다. 나라공원에 있는 사슴은 방목되고 있어 공원 안의 풀과 나뭇잎을 자유롭게 먹습니다. 제1장에서 나라공원의 사슴이 가시가 적은 쐐기풀을 먹기 때문에 가시가 많은 쐐기풀만이 살아남았다고 소개했습니다. 다만 사슴에게 먹히지 않도록 방책을 짜내고 있는 식물은 그뿐만이 아닙니다. 사실 「나라공원에는 마취목이 많다」고 합니다.

마취목은 흔히 정원수로 많이 심습니다. 이른 봄에 흰색과 분홍색 꽃을 술처럼 늘어뜨려 피우는 진달랫과의 식물입니다. 「마취목(馬醉木)」이라는 이름대로 「말이 이 식물의 잎을 먹으면 마치 술에 취한 것처럼 된다」는 말이 있습니다.

「취한다」고 하니 술을 좋아하는 사람이라면 「말의 기분이 좋아지는 것」이라고 생각해 부러워할지도 모릅니다. 하지만 그렇지 않습니다. 「독에 마비된 상태가 된다」는 것이 적절한 표현입니다.

일본어명이 「아세비」인 이 식물은 일본에서 「아시비」라고 부르기도 합니다. 「여기서 『시비』는 『시비레루(痺れる, 마비되는)』 상태를 강조하는」 것입니다. 마취목에는 「아세보톡신」 혹은 「그라야노톡신」으로 불리는 유독 물질이 함유되어 있어 결코 말에게만 유해한 것이 아닙니다. 따라서 나라공원의 사슴도 먹지 않으며, 그 결과 공원 내에는 마취목이 많이 자라게 되었습니다.

유독 물질로 식해로부터 몸을 지키는 현상 중 다른 하나는 나라현 미쓰에 촌(御杖村)의 「미우네 산(三峰山)」에서 찾아볼 수 있습니다. 이곳의 초원에는 일찍이 용담과 마타리 등 다양한 식물이 생육하고 있었습니다. 그러나 최근에는 「투구꽃」의 일종인 「가와치부시」가 다른 식물들 대신 번식하고 있습니다.

가와치부시(河内附子)에서 가와치(河内)는 이 식물의 자생지 오사카부의 지명이고, 부시(附子)는 투구꽃의 뿌리를 건조한 생약인 부자를 말합니다. 이름을 보면 알 수 있듯이 이 식물은 투구꽃과 같은 미나리아재빗과 식물로, 아름다운 꽃을 피우며 투구꽃에도 들어 있는 맹독「아코니틴」을 함유합니다.

이 산에는 야생의 일본사슴이 서식하며 풀을 먹습니다. 가와치부시는 맹독을 가졌기 때문에 일본사슴에게 먹히는 것을 모면할 수 있습니다. 그러므로 다른 풀들이 먹힌 뒤 가와치부시가 번식한 것으로 추측됩니다.

이와 같이 실제로 자연 속에서 식물들은 유독 물질로 몸을 지키고 있는 것입니다. 이 두 가지 예는 그것이 두드러지는 현상이며, 그 밖에도 많은 식물이 벌레와 새 등 동물들에 유독한 물질을 만들어 몸을 보호하고 있습니다.

독을 가지고 공존해온 "대단함"

주변에 있는 많은 식물이 병원균이나 벌레와 새 등 동물들에게 유독한 물질을 만들어 몸을 지키고 있습니다. 근처 식물들이 유독한 물질을 가졌다는 사실을 알게 되면「그건 특별한 식물이겠지」라고 생각하는 사람이 많으며「그런 식물은 기분 나쁘다」고 하는 사람도 있습니다.

하지만 자연 속에서 식물들은 벌레에게 잡아먹히는 위험으로부터 스스로를 보호하는 동시에 병원균에 감염되지 않도록 유독한 물질을 가지고 있는 것입니다. 식물들도「병에 걸리지 않고 건강하고 활기차게 살고 싶다」고 생각합니다.

따라서 유독 물질을 가진 사실이 알려졌든 그렇지 않든, 그것의 독성이 강하든 약하든 상관없이 대부분의 식물이 유독 물질을 가지고 있습니다. 그러니 「정말 주변에 있는 식물이 유독한 물질을 가지고 있을까」 궁금하더라도, 근처에 있는 식물의 잎을 먹고 자신의 몸으로 확인해보겠다는 생각은 하지 마세요. 토하거나 설사를 하게 될 것입니다.

「유독한 물질을 가지고 있어서 기분 나쁘다」고 생각하지 말고 「식물은 자신의 몸을 지키기 위해 유독한 물질을 가지고 있는 것」이라고 식물들의 생존방식을 이해한 다음, 우리는 식물들과 공존, 공생해갈 필요가 있습니다. 옛날부터 우리 선조들은 그런 식으로 식물들과 함께 살아왔습니다.

예를 들어 석산을 떠올려보세요. 석산은 예로부터 「독을 가진 식물」 또는 「묘지에 꽃 피는 식물」로서 그다지 좋은 이미지가 아닙니다. 석산의 알뿌리에는 「리코린」이라는 물질이 함유되어 있습니다. 석산의 학명은 「리코리스 라디아타」로, 리코린이라는 물질명은 석산의 속명인 「리코리스」에서 따온 것입니다. 어감이 귀여운 이름이지만 이 물질은 잘 알려진 대로 유독합니다.

리코리스는 그리스 신화에 등장하는 아름다운 바다의 여신 「리코리아스」 혹은 로마 시대 여배우의 이름에서 유래한 것이라고 합니다. 종소명 「라디아타」는 「방사형(放射形)」이라는 의미로 꽃송이가 달리는 모양을 나타낸 말입니다.

한편 이 식물은 묘지나 논과 밭의 두렁에서 찾아볼 수 있었습니다. 그래서 흔히 「석산은 제멋대로 자란다」고 생각하기 쉽지만 그렇지 않습니다. 석산은 씨앗을 만들지 않고 알뿌리로 번식합니다. 그러므로 알뿌리가 굴러가는 외에 생육지를 옮기는 일은 없습니다.

그러나 알뿌리가 묘지나 논과 밭의 두렁을 잘 찾아서 굴러갈 리가 없습니다. 우연히 묘지나 논과 밭의 두렁으로 옮겨지는 흙에 알뿌리가 섞여 있을 가능성은 있겠지만 그런 일은 드물 것입니다. 인간이 무덤가나 논두렁, 밭두렁에 심지 않는 이상에는 말입니다. 석산은 알뿌리에 유독한 물질이 들었다는 것을 알고 있던 선조들이 일부러 심어온 것입니다.

묘지에 심었던 이유는 시신을 흙에 장사 지내던 시절, 매장한 시체를 먹으러 오는 두더지나 쥐의 접근을 막기 위해서였습니다. 또한 두렁에 많은 것은 두더지나 쥐가 두렁을 무너뜨리지 못하게 하려는 목적에서입니다. 그런데 「석산의 알뿌리는 물에 우려내 독을 빼면 먹을 수 있다」고 합니다. 따라서 「논과 밭에서 재배하는 작물이 흉작일 때 두렁에 심어둔 이 식물의 알뿌리로 연명하는 구황식물의 역할을 했다」고도 합니다. 알뿌리에는 녹말이 많이 함유되어 있기 때문입니다. 그러므로 독만 빼면 주린 배를 채울 수 있는 먹을거리가 됩니다.

「왜 벼가 흉작인 해에 기아를 벗어날 만큼 많은 알뿌리가 달리는 것인가」 하는 질문을 받은 적이 있습니다. 그 이유는 벼가 성장하여 쌀을 만들어내는 시기와 석산이 알뿌리를 만들어내는 시기가 서로 다르기 때문입니다. 벼는 봄부터 가을까지 성장하며 쌀이 여물어갑니다. 반면 석산은 가을에서 봄 사이에 잎이 우거지며 알뿌리를 만듭니다. 그래서 벼가 자라는 여름의 기후가 안 좋은 해라도 석산에는 영향이 없는 것입니다.

그러면 「정말 굶주림을 구할 정도로 많은 알뿌리가 생길까」 하는 의문이 남습니다. 의문을 풀기 위해 석산 꽃이 필 무렵 뿌리 주변을 한번 파보세요. 알뿌리가 잔뜩 있을 것입니다. 꽃이 한 송이 피어 있으면 그 아래에 꽃이 피지 않는 알뿌리가 약 20개 정도 있는 경우도 드물지 않습니다. 석산은 무리로 꽃을 피웁니다. 따라서 꽃이 50송이 핀다면 알뿌리는 1,000개를 얻을 수 있어 굶주림을 해소하는 데 충분히 도움이 됩니다.

예로부터 이어져온 우리와 석산의 오랜 관계는 인간과 유독 물질을 가진 식물이 공존, 공생하는 전형적인 예입니다. 「21세기는 우리와 식물들의 공존, 공생의 시대」라고 합니다. 우리는 식물의 생활방식을 잘 이해하고 식물과의 공존, 공생의 바람직한 형태를 고찰해가야 할 것입니다.

석산과 마찬가지로 많은 녹말을 가지고 있어 식량 기근 때마다 인간의 생활과 연관을 가져왔던 식물로는 소철도 있습니다. 다음 항에서 소개하도록 하겠습니다.

지옥을 만들어내는 "대단함"

소철은 소철과의 식물로 오키나와와 규슈(九州) 남부에서 생육하지만, 혼슈(本州, 일본 열도에서 가장 큰 섬-역자 주)에서도 정원이나 공원에 재배되는 경우가 있습니다. 뿌리에 뿌리혹박테리아가 살고 있는데, 이 박테리아는 소철에게 양분을 받는 대신 공기 중의 질소를 흡수하여 질소비료로 바꾸어 소철에 공급합니다. 덕분에 소철은 메마른 토지에서도 살아갈 수 있습니다.

소철은 여름에 꽃을 피우고 그 후 씨앗을 만듭니다. 씨앗은 성숙하면 주홍색을 띤 계란형이 되는데, 이 씨앗에는 「사이카신」이라는 유독 물질이 함유되어 있습니다. 먹으면 구토, 현기증이나 호흡곤란 등의 중독 증상을 일으킵니다. 이 물질의 이름은 이 식물의 속명 「키카스」에서 유래한 것입니다.

소철의 씨앗 (제공 · 농연기구동물위생연구소)

이 유독 물질은 「물에 담가 발효시키거나, 말리거나, 불에 구우면 독성이 약해진다」고 합니다. 게다가 소철의 씨앗과 줄기에는 식용 녹말이 다량 함유되어 있습니다. 그래서 기근이 들 때면 굶주림을 면하기 위해 독성을 약화시키는 조리를 하고 씨앗과 줄기를 먹었습니다. 「구황식물」의 하나였던 것입니다.

구황식물로서 소철이 유명해진 것은 1920년대 후반으로, 뉴욕의 주가 폭락이 발단이 된 세계 대공황이 일본을 덮쳤을 때입니다. 이 공황 탓에 설탕 가격이 폭락하여 사탕수수를 재배해서 설탕을 생산하던 오키나와가 특히 직격탄을 맞았습니다.

그때 오키나와의 농가 사람들에게는 먹을 것이 없었습니다. 그래서 어쩔 수 없이 주변에 자라는 야생 소철의 씨앗과 줄기를 먹고 굶주림을 견디려 했습니다. 여기에 독이 들어 있다는 사실은 잘 알고 있었으나, 녹말이 다량 함유되어 있기에 독만 제거한다면 주린 배를 채워줄 식량이 되리라 기대했던 것입니다. 소철을 먹지 않을 수 없는 상황이었을 것입니다.

하지만 「독을 빼는 지식이 부족했고 작업도 충분히 이루어지지 않았기 때문에, 독성을 완전히 약화시키지 못하고 섭취하여 그 독성의 피해가 많았다」고 합니다. 보통 가족 전원이 같은 것을 먹으니 「온 가족이 중독으로 사망하거나 일가가 전멸한 예도 있다」고 전해집니다. 그 당시 오키나와의 상황은 「소철 지옥」이라는 말로 묘사되었습니다.

독에 의한 「소철 지옥」의 비참함은 사실이지만 「그 독 때문에 실제로 죽은 사람은 없다」든가 「중독된 사람은 많았지만 죽은 사람은 극히 소수였다」고도 합니다. 당시의 상황을 생각하면 기아에 의한 죽음과 독에 의한 죽음을 판별하기란 어려웠을 것입니다.

(2) 먹을 수 있는 식물도 독을 가졌다!

"금지"를 지키는 "대단함"

일반적으로 먹는 식물 중에도 유독한 물질을 함유한 것이 있습니다. 그러한 식물들은 먹는 방법이 정해져 있어 그 규칙을 따라 먹어야 합니다. 대표적인 것이 감자, 은행, 몰로키아 등입니다.

감자는 「눈을 완전히 제거하고」 먹습니다. 눈에는 「솔라닌」이라는 유독한 물질이 함유되어 있기 때문입니다. 단 이 물질이 함유된 것은 눈 부분뿐만이 아닙니다.

시판되는 감자 중에는 표면이 녹색인 것은 없습니다. 그러나 텃밭 등에서 재배하면 표피가 부분적으로 녹색이 된 감자가 나오기도 합니다. 이런 감자는 주의가 필요합니다. 이 녹색 부분에 솔라닌이 함유되어 있기 때문입니다. 그러므로 먹을 때는 녹색 부분을 제대로 제거하지 않으면 안 됩니다.

초등학교 채소밭에서 수확한 표면에 녹색 빛깔이 도는 감자를 먹고 어린이가 중독된 사례가 있습니다. 표면이 살짝 녹색 빛을 띠었는데도 「아깝다」며 조리했을 것입니다. 눈이나 표피의 녹색 부분에 함유된 유독 물질인 솔라닌은 「삶아도 구워도 그 독성이 사라지지 않는다」고 합니다.

은행에도 「징코톡신」이라는 유독한 물질이 함유되어 있습니다. 은행은 가을의 미각으로서 많이 즐겨 먹습니다. 다만 아이가 지나치게 섭취하지 않도록 「아이에게는 자기 나이 수보다 많은 개수를 먹이면 안 된다」고 합니다.

물론 개인차가 있기 때문에 「여섯 살이니까 5개까지는 먹어도 괜찮다」고 딱 정해진 것은 아닙니다. 또한 어른에게는 해독능력이 있으나 「아무리 어른이라도 한 번에 20개 이상은 먹지 않도록」 권장됩니다.

중독 사례는 여럿 보고되고 있습니다. 중독 증상을 나타낸 대부분은 열 살 미만의 아이들이지만, 어른도 대량으로 섭취하는 경우에는 중독을 일으킵니다. 어른의 경우 대량이란 40~60개 정도입니다. 다만 역시 개인차가 있으니 어른이라도 과식에는 주의할 필요가 있습니다.

몰로키아는 참피나뭇과 식물로 이집트 주변이 원산지입니다. 옛날 이집트의 임금님이 원인 불명의 병에 걸렸다가 「이 채소를 먹고 나았다」는 이야기가 전해집니다. 그래서 몰로키아는 「왕의 채소」라고 불리게 되었습니다.

일본에서는 20세기 말부터 재배되기 시작한 새로운 채소로서 비타민과 칼슘 함유량이 시금치나 소송채를 능가합니다. 최근에는 영양이 풍부하다는 평가를 받으며 「채소의 왕」이라 불리고 있습니다.

이 식물의 잎을 잘게 썰면 점액이 나옵니다. 이 성분은 앞에서 언급한 「뮤신」이라는 물질로 우리에게 양분이 됩니다. 때문에 「건강에 좋은 채소」로서 인기가 많은 것입니다. 그런데 1996년 10월 나가사키 현(長崎県)에서 열매가 달린 이 식물의 가지를 먹은 소 다섯 마리 중 세 마리가 죽는 일이 발생했습니다.

그 후 이 식물의 씨앗에는 「스트로판티딘」이라는 유독 물질이 함유되어 있다는 사실이 알려지게 되었습니다. 채소가게나 슈퍼마켓에서 판매되는 잎은 100% 안전합니다. 그렇지만 텃밭에서 이 식물을 재배하는 경우에는 잎 이외의 꽃이나 씨앗을 먹으면 안 됩니다.

흰강낭콩은 몇 년 전 어느 TV 프로그램을 통해 다이어트 식품으로 소개된 적이 있습니다. 그런데 방송을 보고 그 다이어트법을 실천했던 많은 시청자들로부터 「토하거나 설사를 했다」는 불만이 방송국에 쇄도했다고 합니다.

흰강낭콩에는 「렉틴」이라는 물질이 함유되어 있어 충분히 가열하지 않으면 구토와 설사의 원인이 됩니다. 하지만 방송에서 「충분히 가열한 다음 섭취하라」는 내용을 시청자에게 제대로 전달하지 않았던 것입니다.

여기에서 소개한 식물은 우리 인간이 재배하는 것들입니다. 따라서 자신의 몸을 지키기 위한 유독 물질은 필요 없습니다. 그런데도 유독 물질을 지니고 있는 이유는 자연 속에서 스스로 몸을 지키며 살아남아온 자취가 남아 있기 때문입니다. 재배식물화되었다고 해서 자신들의 생활방식을 완전히 버리지는 않은 것입니다. 그야말로 "긍지를 지키는 식물들"이라 할 수 있습니다.

"의태"로 몸을 지키는 식물들

동물 가운데는 다른 동물에게 잡아먹히지 않고 몸을 지키기 위해, 주위 식물의 잎이나 가지를 꼭 닮도록 색과 모양을 흉내 내는 것들이 있습니다. 이를 "의태(擬態)"라고 합니다. 예를 들어 색과 형태가 나뭇가지를 닮은 자벌레, 날개 무늬가 마른 잎처럼 생긴 가랑잎나비 등은 가만히 있으면 새들의 습격을 받는 일이 없습니다. 또한 일본 멧토끼와 뇌조(雷鳥) 등은 겨울에 털색을 새하얗게 바꿔 눈 속에서 눈에 띄지 않도록 합니다.

식물 중에도 이와 비슷한 생존법을 사용하는 것이 있습니다. 지독한 맛이나 유독 물질을 가지고 있는 식물처럼 보이게 자신의 몸을 꾸미는 것입니다. 우리가 먹는 식물 중에도 모습과 형태가 유독 물질을 가진 식물을 닮은 것이 있는데, 우리들의 경우 착각해서 그런 식물을 먹고 맙니다. 식용으로 쓰기 위해서는 제대로 분별하여 채집할 필요가 있습니다. 자주 혼동되는 대표적인 조합은 부추와 수선화, 머위 꽃줄기와 복수초, 쑥과 투구꽃 등입니다.

수선화 (촬영 · 히라타 레오)

2011년 12월 초 도쿠시마 현(德島県)의 초등학교 조리 실습에서 집단 식중독 사건이 발생한 적이 있습니다. 부추로 착각하고 수선화 잎을 만두소로 넣었던 탓입니다. 이것을 먹은 어린이는 구역질과 구토 등 중독 증상을 일으켰습니다.

석산의 친척뻘인 수선화는 석산과 동일하게 「리코린」이라는 유독 물질을 함유하고 있습니다. 반면 부추는 백합과의 채소로서 특히 봄에 잎이 부드럽고 맛이 좋습니다.

부추에는 「취기(臭気)」라고 표현되는 독특한 향이 있고 수선화에는 그 향이 없습니다. 따라서 흔히 「부추로 오인하여 수선화를 먹는 일은 없을 것」이라고 생각됩니다.

그러나 수선화의 가늘고 길며 납작한 잎은 부추 잎과 꼭 닮았습니다. 그래서 생김새만으로 부추 잎을 채취하려다 잘못해서 수선화 잎을 따게 되는 경우가 있습니다. 또한 부추와 수선화가 가까이에서 재배되면 부추를 채취할 때 수선화가 섞여 들어오기도 합니다.

실제로 매년 부추와 혼동하여 채취된 수선화 잎이 원인으로 일본 곳곳에서 수 건의 식중독 사건이 벌어지고 있습니다. 부추에 섞여

들어온 수선화 잎을 초된장에 무쳐 먹거나, 튀겨 먹는 것입니다.

산달래라는 들풀이 있습니다. 예로부터 식용으로 여겨온 들풀입니다. 지상부는 초된장무침으로 먹습니다. 알뿌리도 된장에 절이거나 초된장에 무쳐 먹을 수 있는데, 이 알뿌리의 모양과 형태가 수선화 알뿌리를 닮았습니다. 그 탓에 착각해서 수선화 알뿌리를 채집하여 먹는 경우가 있기 때문에 주의가 필요합니다.

유독한 물질을 함유한 복수초는 이른 봄의 새순이 머위 꽃줄기와 혼동됩니다. 싹이 텄을 때

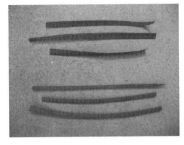

부추 잎(상)과 수선화 잎. 지상부의 생김새가 흡사합니다. 그래서 잎의 형태로 둘을 식별하기란 어렵습니다. (촬영·다나카 오사무)

부추 뿌리(좌)와 수선화 알뿌리. 지하부의 생김새는 확실히 다릅니다. 하지만 부추를 채취할 때는 잎만 잘라내므로 이 차이는 식별에 도움이 되지 않습니다. (촬영·다나카 오사무)

의 인상이 비슷하기 때문입니다. 머위 꽃줄기는 먹을 수 있지만 복수초에는 「아도닌」 등의 유독 물질이 들어 있습니다.

2007년 봄 어느 지방 방송국의 프로그램에서 리포터가 복수초의 새순을 튀김으로 먹는 영상이 흘렀습니다. 당연히 그 장면을 본 시청자들로부터 비판과 불만이 쇄도하였는데, 프로그램 관계자가 「복수초에는 유독한 물질이 함유되어 있다」는 사실을 몰라 벌어진 일이었습니다. 양이 적었던 것인지 다행히 먹은 리포터에게는 아무 일도 없었다고 합니다.

흰독말풀의 꽃 (촬영·오노 준코(小野順子))

쑥 잎의 색과 형태는 투구꽃 잎의 색과 형태를 닮았습니다. 그래서 쑥 잎으로 착각하고 투구꽃 잎을 채취하여 쑥떡을 만들었다가 중독 증상에 빠지는 사건이 일어납니다. 봄에 쑥을 채취할 때는 주의할 필요가 있습니다. 투구꽃에는 「아코니틴」이라는 유독한 물질이 함유되어 있기 때문입니다.

2006년 후쿠오카 현(福岡県)에서 오크라와 혼동하여 어떤 식물의 과실을 먹는 중독 사건이 벌어졌습니다. 그리고 2008년에는 효고 현과 후쿠시마 현에서 역시 같은 식물의 뿌리를 우엉으로 잘못 알고 먹는 바람에 소동이 발생했습니다. 그 식물은 흰독말풀입니다.

이 식물의 일본어명은 조센아사가오로 「나팔꽃(아사가오)」이라는 이름이 붙어 있으나 진짜 나팔꽃은 메꽃과 식물입니다. 꽃의 형태가 깔때기 모양이기에 나팔꽃과 다소 비슷할지도 모르지만, 이 식물은 가짓과 식물로서 둘 사이에는 식물학적 유연관계가 없습니다.

유독 물질의 성분은 「아트로핀」과 「스코폴라민」입니다. 에도(江戸) 시대(1603년-1868년) 후기의 외과의 하나오카 세이슈(華岡青洲)는 세계 최초로 전신마취를 통한 유방암 수술을 성공시켰는데, 그 수술 때 사용한 마취약의 주성분이 바로 이 식물의 유독 물질「아트로핀」과「스코폴라민」이었습니다.

산지의 촉촉한 초지(草地)에 돋아나는 새순을 먹는 삼잎방망이라는 국화과 산나물이 있습니다. 그런데 2011년 봄 기후 현(岐阜県)에서 이것과 착각하여 유독 물질을 함유한 식물을 먹는 사건이 일어났습니다.

잘못 먹은 것은 미치광이풀이라 불리는 식물입니다. 미치광이풀은 벨라도나나 흰독말풀과 같은 가짓과 식물로「아트로핀」을 함유하고 있습니다. 이때는 섭취한 사람에게 현기증과 의식장애 등의 중독 증상이 나타났습니다.

재스민이라는 아주 좋은 향기를 내는 식물이 있습니다. 그리고 이것과 유사한 향기를 가진 식물로 북아메리카 캐롤라이나 지방에서 나는 캐롤라이나재스민이 있습니다. 향기가 비슷하다고 하여 같은「재스민」이라는 이름이 붙었습니다. 하지만 재스민은 물푸레나뭇과에 속하며 캐롤라이나재스민은 마전과 식물이기 때문에 식물학적으로는 두 식물 사이에 유연관계가 없습니다.

재스민은 재스민차로 마시지만 캐롤라이나재스민은「겔세민」등의 유독한 물질을 함유하고 있어 차로 우려내 마시면 안 됩니다. 현기증이나 호흡이 저하되는 중독 증상이 일어납니다. 2006년 군마 현(群馬県)에서 이 식물의 꽃을 차로 끓여 마셨다가 중독된 사례가 있었습니다.

먹는 법을 경고하는 "대단한" 과일

「맛있는 과일도 몸을 지키고 있다」는 사실을 필자가 절감한 경험이 있습니다. 어느 날 오키나와 현 미야코 섬(宮古島)산 망고를 선물받았습니다. 선물용 상자에 담겨 상처가 나지 않도록 발포스티롤 과일 망에 정성껏 싸여 있는 것이 그야말로 고급 과일이라는 이미지였습니다.

자르는 법을 설명하는 카드가 들어 있어 그것을 따라, 생선을 세 부분으로 발라내듯 망고를 길게 삼등분했습니다. 두툼한 가운데 토막은 크고 넓적한 씨가 들어 있는 부분입니다. 양쪽 두 토막은 숟가락으로 떠먹어도 되고, 주사위 모양으로 칼집을 내면 과일용 포크로 먹을 수도 있습니다.

짙은 노란색 과육이 알맞게 익어 깊이 있는 단맛을 내는 과즙이 입안 가득 퍼졌습니다. 정말 「맛있다」는 말밖에 나오지 않았는데, 과연 「과일의 왕」으로 인기 있을 법한 맛이었습니다. 망고는 「과일의 왕」이라는 칭호를 두리안에게 내줄 때가 있습니다. 그럴 때는 특유의 고상한 맛에서 연유하여 자신은 「과일의 여왕」이 됩니다.

먹기 쉬운 두 조각은 금세 없어지고 한 조각이 남았습니다. 이 한 조각 안에 겉으로 보이지 않는 커다란 씨앗이 있음을 상상할 수 있습니다. 그러나 씨앗 주위는 짙은 노란색 과육입니다. 숟가락으로 조금 떠먹어보면 역시 맛있습니다. 씨앗은 중앙에만 있어 겉에는 아직 과육이기에 숟가락으로 뜰 수 있는 부분은 전부 떠먹었습니다.

그래도 씨앗은 과육에 둘러싸여 아직 보이지 않습니다. 부드러운 과육이 사라져 숟가락이 더 이상 쓸모없어졌습니다. 그래서 과육을 직접 먹기로 했습니다. 숟가락을 사용하지 않고 입으로 덥석 베어 물었습니다.

어린 시절 수박을 녹색 껍질 아슬아슬한 부분까지 먹을 때처럼 말입니다. 덕분에 입가에 과즙이 잔뜩 묻었습니다. 「다 큰 어른이 되어서 남 보기 부끄러운 방식으로 먹은 것 같다」는 생각을 했습니다.

그런데 다음 날 아침 눈을 뜨자 입술 위쪽 피부가 까슬까슬한 느낌이 들었습니다. 거울을 보니 입술 주변이 빨개지고 피부는 다 튼데다 좁쌀 같은 발진이 생긴 듯했습니다. 그래서 병원에 진찰을 받으러 갔습니다.

돋보기로 환부를 관찰한 의사 선생님이 「뭔가 이상한 걸 먹지 않았나요?」라고 물었지만, 「뭔가 이상한 것」에 대해 전혀 짚이는 것이 없었습니다. 「특별히 이상한 것은 먹지 않았다」고 대답하면서 「이상한 것이란 뭘 말하는 건가요?」 하고 질문했는데, 그 후 의사 선생님의 대답에 깜짝 놀랐습니다. 그 대답은 「망고 같은 것 말입니다」였습니다. 설마 망고가 특이한 음식이라고는 미처 생각지도 못한 것입니다.

필자의 증상은 망고 과즙 탓에 독이 오른 「망고 알레르기」로 「금방 낫는다」고 하여 바르는 약만 받아 왔습니다. 나중에 알아보니 망고는 옻나뭇과 식물로서 「접촉하면 옻독이 오르는」 것으로 유명한 옻나무의 일종이었습니다.

옻나무는 옻이 오르게 하는 성분 「우루시올」을 가지고 있습니다. 그리고 같은 과인 망고 역시 우루시올과 비슷한 「망골」이라는 옻독 성분을 가진 것입니다. 열매를 먹으려 하는 동물에게서 몸을 지키기 위한 것이며, 따라서 망고의 과즙이 피부에 닿으면 독이 오르게 됩니다. 게걸스러운 방식으로 먹은 응보인지도 모릅니다.

의사 선생님은 「망고 알레르기 같네요」라고 말하며 곁에서 모든 대화를 듣고 있던 간호사님과 눈을 맞추고 살짝 웃는 것 같았습니다. 「남들 앞에서 할 수 없는 게걸스러운 방식으로 먹었다」는 후회 때문에 제 발 저린 것뿐인지도 모르지만 말입니다.

어쩌면 망고의 이러한 독성을 모르고 먹었다가 병원을 찾는 사람이 많았던 것일 수도 있습니다. 두 사람이 교환한 「웃음」은 「이런 사람이 또 왔다」는 두 사람만의 신호가 아니었을까 합니다.

망고는 동남아시아 원산의 대표적인 열대과일입니다. 남국의 태양과 대지가 품어낸 깊이 있는 단맛, 특유의 향, 매력적인 과육의 빛깔 등을 갖춘 고급 과일이라 할 수 있습니다. 그런 만큼 「과일의 여왕에게 걸맞은 방식으로 먹으라」는 경고를 담아 옻독이 오르는 물질을 과육에 간직하고 있는 것인지도 모르겠습니다.

제5장

가혹한 태양에 맞서 살아가다

(1) 태양 빛은 식물에게 유해!

자외선과 싸우는 식물들의 "대단함"

지금으로부터 30억여 년 전, 태양 빛을 이용하여 광합성을 하는 식물의 조상이 바다에 탄생하였습니다. 그로부터 약 30억 년 동안 식물의 조상들은 육지에 내리쬐는 눈부시게 밝은 태양 빛을 바닷속에서 바라보고 있었습니다.

바닷물에 차단되어 바닷속으로는 육지처럼 강한 빛이 닿지 않습니다. 그러므로 바닷속 식물의 조상들은 밝게 빛나는 태양을 보며 언젠가 뭍에 있는 여러 빛들을 이용하기를 꿈꿨을 것입니다. 「만약 육지에 올라갈 수만 있다면 태양의 강한 빛을 받아 많은 광합성을 할 수 있을 텐데」라고 한탄했을지도 모릅니다.

광합성량이 늘어나면 그 산물을 이용해 왕성하게 성장할 수 있고, 번식력도 커져 많은 자손을 남길 수 있습니다. 이는 종족으로서의 번영을 의미합니다. 따라서 식물의 조상들은 뭍에 올라가 풍부한 태양 빛을 이용하는 생활을 동경했을 것입니다.

지금으로부터 약 4억 년 전 마침내 식물의 조상들은 바다에서 상륙했습니다. 태양을 동경하며 종족의 번영을 기원하는 희망찬 상륙이었습니다. 그러나 막상 육지에서 생활을 시작하고 보니 동경하던 태양은 식물들에게 온화하지 않았습니다.

눈부시게 밝은 태양 빛은 상륙한 식물들에게 지나치게 강했던 것입니다. 또한 바닷속에서는 물이 흡수해주어 눈치채지 못했지만, 태양 빛에는 광합성에 필요한 빛 이외에 유해한 자외선이 다량 포함되어 있었습니다.

현재 우리는 자외선이 해로우며 검버섯과 주름, 백내장의 원인이 된다는 사실을 알고 있습니다. 더 심한 경우에는 「피부암을 일으키므로」 그것을 염려하기도 합니다. 또한 피부를 노화시키는데, 자외선이 피부의 노화를 야기한다는 것은 쉽게 확인할 수 있습니다.

가령 목욕을 할 때 자외선이 닿는 팔이나 얼굴의 피부와 자외선이 닿지 않는 하복부 쪽 피부의 윤기를 비교해보세요. 혹시 배가 「포동포동」하다 해도 윤기와는 관계없습니다. 쭉 잡아 늘여 피부의 윤기를 확인하세요.

자외선이 닿는 팔과 얼굴의 피부는 검버섯이나 주름이 생겨 젊음을 잃어갑니다. 그에 비해 자외선이 닿지 않는 배의 피부는 어린 시절이나 젊었을 때와 비슷할 정도로 윤기 있고 싱싱한 탄력이 있을 것입니다.

자외선은 이처럼 유해하기 때문에 우리는 모자나 양산이나 선글라스를 써서 자외선을 피합니다. 하지만 식물들은 태양의 자외선이 쨍쨍 내리쬐는 가운데 살고 있습니다. 특히 여름에는 작열하는 더위 속에서 강한 자외선에 노출됩니다. 그러한 환경 속에서 식물들은 햇볕에 타지도 않고 쑥쑥 성장하며 아름답고 예쁜 꽃을 피우기도 하고 열매와 씨앗을 만들어냅니다.

그런 식물들의 모습을 보고 있자면 「자외선은 인간에게만 유해할 뿐 식물들에게는 이로운 것이 아닐까」 무심코 생각하게 됩니다. 그러나 그것은 우리 인간의 곡해입니다. 자외선은 인간에게도 식물에게도 똑같이 유해합니다.

그렇다면「왜 자외선은 유해할까」생각해보세요. 자외선은 식물과 인간을 가리지 않고 몸에 닿으면「활성산소」라는 물질을 발생시킵니다.「활성산소」라는 말에서 무엇이 상상되나요.

우리는 산소를 들이마시며 살고 있습니다. 산소는 우리의 생명을 지키고 건강을 유지하기 위해 더할 나위 없이 소중한 물질입니다. 그냥「산소」조차 그렇게 중요한 역할을 할 정도니까「활성화된 산소」라고 생각하면 더욱 굉장한 작용을 할 것 같은 기분이 듭니다.

하지만 활성산소는「노화를 급속히 진행시킨다」,「성인병, 암의 원인이 된다」,「질병 전체 90%의 원인이다」등으로 일컬어집니다. 활성산소란 몸의 노화를 촉진하고 많은 질병의 원인이 되는 극히 유독한 물질인 것입니다.

최근「안티에이징」이라는 말이 흔히 사용됩니다.「안티」는「반대」,「대항」을 의미하는 단어이며「에이징」은「나이를 먹는 것」입니다. 그렇지만 나이를 먹는 것은 막을 수 없습니다. 따라서 안티에이징은「나이와 함께 찾아오는 노화를 늦추는 것」을 말합니다.

활성산소는 많은 질병의 원인이 되고 몸의 노화를 촉진합니다. 때문에 안티에이징에서는 어떻게 하면 활성산소를 최대한 발생시키지 않고 이미 발생한 것을 줄일 수 있을지가 큰 과제가 됩니다.

그처럼 유해한 활성산소 중 대표적인 것은「슈퍼옥사이드」와「과산화수소」라 불리는 물질입니다. 두 가지 모두 모습을 직접 눈으로 볼 수는 없습니다. 다만 그것들의 유독한 성질은 눈으로 확인 가능합니다.

「파라콰트」라는 강력한 제초제가 있습니다. 농도가 상당히 옅은 액이라도 식물의 잎에 뿌리면 식물은 말라 죽습니다. 이러한 파라콰트의 「식물을 말려 죽이는」 강력한 효과는 이 농약이 슈퍼옥사이드라는 「활성산소」를 발생시키기 때문입니다. 즉 식물을 말려 죽이는 것은 슈퍼옥사이드라는 활성산소의 독성입니다.

파라콰트는 식물뿐만 아니라 인간에게도 유해합니다. 극히 미량이라도 이것을 마시면 호흡곤란에 빠져 목숨을 잃습니다. 그런 탓에 살인에 이용되어 과거에 몇 번인가 그 이름이 매스컴에 등장하기도 하였습니다.

슈퍼옥사이드와 함께 대표적인 활성산소인 것이 과산화수소입니다. 「옥시돌(상품명 옥시풀)」이라는 소독액이 있는데, 상처가 났을 때 소독을 위해 이 약을 상처에 바르면 세균이 죽어 상처가 소독됩니다.

옥시돌에는 과산화수소가 3퍼센트 함유되어 있습니다. 옥시돌의 살균력은 활성산소인 과산화수소의 작용으로, 이렇게 희석된 상태에서도 세균을 죽이는 독성이 있는 것입니다.

이와 같이 활성산소는 식물들을 시들게 하고 세균을 죽입니다. 식물과 세균뿐만 아니라 인간의 목숨을 앗아가는 독성도 있습니다. 「활성산소」의 모습을 직접 볼 수는 없지만 지독하게 유해한 물질이라는 것은 알 수 있습니다.

자외선이 몸에 닿으면 이런 유해한 활성산소가 몸에서 발생하는 것입니다. 따라서 자연 속에서 식물들이 자외선에 노출되어 살아가려면 몸속에서 발생하는 「활성산소」를 제거할 필요가 있습니다. 이를 위해서는 활성산소의 유해성을 없애줄 물질이 필요한데, 그것이 바로 「항산화물질」입니다.

이 단어는 건강식품 카탈로그에 자주 등장합니다. 활성산소가 우리 건강에 좋지 않으니 그 유해성을 없애주는 항산화물질은 건강에 좋을 것입니다. 그래서 항산화물질을 함유한 식품이 건강식품 카탈로그에 게재되는 것입니다.

대표적인 항산화물질은 비타민 C와 비타민 E입니다. 우리는 비타민 C와 비타민 E를 양분으로 섭취하는 중요성을 잘 알고 있습니다. 그리고 그것들이 식물의 체내에 들었다는 사실을 인식하고 있어 그것들을 함유한 채소와 과일을 적극적으로 먹습니다.

하지만 「왜 식물들의 몸속에 비타민 C와 비타민 E가 많이 함유되어 있는지」 생각해본 적은 별로 없을 것입니다. 이러한 물질은 식물들이 자외선에 노출되면서 발생하는 활성산소의 유해성을 차단하기 위해 필요합니다. 식물들은 자신의 몸에 내리쬐는 자외선의 해로움을 제거하고자 이들 비타민을 만들어낸다고 할 수 있습니다.

다만 그렇다고 「활성산소 대책을 위해서만 만들고 있는 것인가」 한다면 꼭 그렇지만은 않습니다. 비타민은 식물이 원활하게 성장해가는 데 필요한 다양한 역할을 담당하며 체내에서 일합니다. 그러한 역할 가운데 가장 중요한 것 중 하나가 활성산소를 제거하는 작용인 것입니다.

그런데 활성산소는 자외선이 닿을 때만 식물의 몸에서 발생하는 것이 아닙니다. 태양의 강한 빛 아래에서 자외선과는 관계없이 발생합니다. 다음 항에서 그 사정에 대해 자세히 소개하겠습니다.

눈부신 태양 빛과 싸우는 "대단함"

식물이 태양 빛을 이용하여 광합성을 한다는 사실은 잘 알려져 있습니다. 그리고 태양 빛이 부족한 응달에서는 식물의 성장이 저하된다는 사실도 제대로 인식되고 있습니다. 그래서 맑게 갠 대낮, 잎에 눈부신 태양 빛이 내리쬐고 있으면 「잎은 틀림없이 기뻐하며 광합성을 잔뜩 하고 있을 것」이라고 생각하곤 합니다.

그러나 대낮의 눈부신 태양 빛에 노출된 잎은 사실 곤란해하고 있습니다. 태양 빛이 지나치게 강해서 잎이 태양의 강한 빛을 충분히 활용하지 못하기 때문입니다. 식물이 대낮의 눈이 부실 정도로 강한 햇살을 남김없이 이용하여 광합성을 하기에는 재료가 되는 이산화탄소가 부족합니다.

이산화탄소는 공기 중에 포함되어 있고, 공기는 얼마든지 있습니다. 게다가 최근 「대기 중의 이산화탄소 농도가 상승하고 있다」는 말도 들려옵니다. 그러니 이산화탄소가 부족할 일은 없을 것이라고 생각하기 쉽습니다. 하지만 식물에게는 이산화탄소가 부족한 것입니다.

공기 중의 약 80퍼센트는 질소이며, 약 20퍼센트가 산소입니다. 그에 비해 이산화탄소는 공기 중에 겨우 0.035퍼센트 정도밖에 들어 있지 않습니다. 「대기 중의 이산화탄소 농도가 상승하고 있다」고 해도 0.04퍼센트 이하입니다.

이 농도는 1리터짜리 페트병의 물속에 10방울 떨어뜨린 안약의 농도와 거의 같습니다. 공기 중의 이산화탄소 농도는 이렇게 희박하기 때문에 식물들은 이산화탄소를 많이 흡수하지 못합니다. 그러므로 빛이 아무리 강해도 잎은 그 빛을 전부 활용할 수 없는 것입니다.

맑은 대낮의 눈부신 태양 빛의 세기는 약 10만 럭스로 표현할 수 있습니다. 전기스탠드로 책상 위를 비추면 대략 500럭스라고 하니,

낮의 태양은 그 200배나 밝은 셈입니다. 그런데 대부분의 식물이 광합성으로 활용 가능한 태양 빛은 2.5만~3만 럭스입니다. 즉 대부분의 식물의 잎은 눈부신 태양광의 3분의 1 이하를 사용하는 데 불과한 것입니다.

다만 「대부분의 식물은 태양광의 약 3분의 1 이하 수준의 빛밖에 광합성에 활용하지 못한다」라고 정리하면 끝나는 일이 아닙니다. 잎이 채 사용하지 못하는 빛도 가차 없이 잎에 내리쬐기 때문입니다. 식물들에게 달갑든 그렇지 않든 태양 빛은 계속해서 내리쬐는 것입니다.

잎에 도달한 빛은 잎에 흡수됩니다. 이산화탄소가 충분히 있으면 흡수된 빛 에너지를 이용하여 잎에서 포도당과 녹말을 만들어내는 광합성이라는 반응이 진행됩니다. 따라서 이 경우 에너지는 저장되지 않습니다.

그러나 이산화탄소가 부족하면 이산화탄소를 이용하여 포도당과 녹말을 만들어내는 반응이 진행되지 않습니다. 때문에 잎에 도달한 빛에서 발생한 에너지는 소비되지 않고 식물들의 몸에 저장됩니다.

저장된 에너지는 일할 곳을 잃고 갈 곳도 없이 활성산소라는 해로운 물질을 만들어냅니다. 많은 식물들이

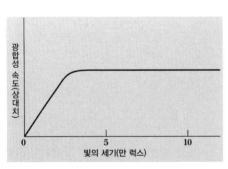

광합성 곡선. 강한 태양광을 받아도 식물은 그 전부를 광합성에 이용하지 못합니다.

「태양광의 3분의 1 정도밖에 광합성에 활용하지 못한다」며 약한 소리를 해도 그런 것에 신경 쓰지 않고 태양의 강한 빛은 사정없이 내리쬐므로, 유해한 활성산소가 식물들의 몸속에 자꾸만 생겨나고 맙니다.

식물들은 활성산소를 제거하지 않으면 살아갈 수 없습니다. 그래서 비타민 C와 비타민 E 등의 항산화물질을 생산하여 해로운 활성산소를 없애는 시스템을 발달시켰습니다.

우리 인간의 경우에도 유해한 활성산소는 자외선을 받을 때만 발생하는 것이 아닙니다. 격렬한 호흡을 할 때도 많은 활성산소가 발생하기에, 그러한 활성산소의 처리에 고민하게 됩니다.

바로 그렇기 때문에 비타민 C와 비타민 E를 다량 함유한 채소나 과일의 섭취가 건강에 좋은 것입니다. 우리 인간은 식물들이 태양의 강한 빛과 자외선으로부터 몸을 지키기 위해 만든 물질을 얻어 함께 이용하고 있습니다.

이처럼 식물들은 우리에게 필요한 모든 식량을 제공해주고 있을 뿐만 아니라 건강하게 살아가기 위한 물질도 공급해줍니다. 식물들의 "대단한" 역할에 감사하지 않으면 안 됩니다.

(2) 왜 꽃들은 아름답게 치장할까

꽃의 색소는 방어물질

대부분의 꽃은 아름답고 예쁜 색을 하고 있습니다. 「꽃은 왜 아름답고 예쁜 색을 하고 있을까」 한번 생각해보세요. 그 이유 중 하나는 벌이나 나비에게 「여기 꽃이 피어 있어」라고 알려주기 위해서 눈에 띄려는 것입니다. 눈에 띄는 색으로 벌이나 나비 등의 곤충을 유혹해 다가오게 만들고 꽃가루를 운반시켜 자손(씨앗)을 만들려는 목적입니다.

그러나 꽃들이 아름답고 예쁘게 치장하는 이유는 그뿐만이 아닙니다. 중요한 이유가 또 하나 있습니다. 그것은 식물들의 자외선 대책입니다. 옛날에는 아이들에게 「일광욕」으로서 태양 빛을 받게 하는 「볕쬐기」를 시켰습니다. 그 당시에는 아이들의 일광욕이 권장되었던 것입니다.

그런데 최근의 우리는 태양 빛에 포함된 자외선이 유해하다는 사실을 잘 알고 있습니다. 한 조사에서는 「어머니의 90퍼센트 이상이 자외선의 유해성을 알고 있다」라는 결과를 얻었습니다. 자외선의 유해성은 국가적 차원으로도 인정되어 모자보건수첩에도 1998년부터 일광욕을 권장하는 기술이 삭제되었습니다.

반면 식물들은 태양의 자외선이 내리쬐는 가운데 성장하고 꽃은 자손을 만듭니다. 꽃은 유해한 자외선에 노출되어가며 튼튼한 자손을 생산하지 않으면 안 됩니다. 새로 태어나는 식물의 아이들에게도 자외선은 유해합니다.

꽃은 자외선이 닿아 생성되는 유해한 활성산소를 제거할 필요가 있습니다. 다음 세대로 건강한 생명을 잇기 위하여, 태어나는 씨앗을 지켜야 하는 것입니다. 이를 위해서는 활성산소를 제거할 항산화 물질이 대량으로 필요합니다. 앞에서 소개한 비타민 C와 비타민 E

이외에도 식물이 만드는 대표적인 항산화물질이 있습니다.

그것은 안토시아닌과 카로틴입니다. 이들은 꽃잎의 색을 내는 바탕(素)이 되는 물질이므로 「색소(色素)」라고 부릅니다. 안토시아닌과 카로틴은 꽃잎을 아름답고 예쁘게 단장하는 2대 색소로서, 식물들은 이러한 색소로 꽃을 꾸미고 꽃 안에서 태어나는 아이를 지킵니다. 2대 색소는 자외선의 해로움에 대항하는 2대 방어물질이기도 합니다.

식물들은 오랜 옛날부터 자외선이 유해하다는 사실을 알고 있었습니다. 「볕쬐기」라며 어린 아이들을 일광욕시키는 우리 인간을 보고 비웃지 않았을까요. 아니면 오히려 「괜찮을까」 하고 걱정해주었을 수도 있습니다.

안토시아닌이라는 색소는 폴리페놀이라는 물질의 일종으로 붉은색과 푸른색 꽃에 함유됩니다. 장미, 나팔꽃, 시클라멘, 영산홍 등 붉은 꽃의 색은 이 색소의 색입니다.

히비스커스 꽃 (촬영·오노 이쿠코)

안토시아닌을 함유한 새빨간 꽃 중 대표적인 하나는 하와이의 「주화(州花)」이기도 한 히비스커스입니다. 하와이의 눈부신 태양 빛에 반짝이는 새빨간 꽃은 이 주의 이미지와 잘 어울립니다. 이곳에서는 많은 관광객을 맞이하는 「환영의 꽃」으로서 사용됩니다.

또한 동남아시아의 열대기후 지역에 위치한 말레이시아에서는 히비스커스가 「국화」로 지정되어 있습니다. 이 꽃에는 꽃잎이 다섯 장 달렸는데 이 다섯 장의 꽃잎에는 말레이시아의 다섯 가지 국가 방침인 「신에 대한 신앙」, 「국왕 및 국가에 대한 충성」, 「헌법 준수」, 「법에 의한 통치」, 「양식 있는 행동과 도덕심」이라는 의미가 담겨 있습니다. 이 나라에서는 「꽃잎의 붉은색은 용기를 상징한다」고 합니다.

일본에서 이 꽃은 오키나와 현의 상징입니다. 다만 「고장이 바뀌면 풍속도 다르다」고 하듯이 오키나와 현에서는 「환영의 꽃」이 아닙니다. 그리고 「꽃잎의 붉은색이 용기를 상징」하지도 않습니다.

이 꽃은 오키나와에서는 「불상화(仏桑華)」라는 별명을 가집니다. 「불상화」는 「불단에 올리는 꽃」이라는 의미를 내포합니다. 그래서 오키나와 현에서는 히비스커스를 조상을 모신 무덤 주위 울타리 등에 많이 심습니다.

조금 세련된 느낌이 나는 히비스커스 티는 히비스커스의 새빨간 꽃의 색소가 더운물에 잘 녹는 성질을 이용한 차입니다. 「고대 이집트의 마지막 여왕으로서 그 아름다움을 역사에 남긴 클레오파트라가 미모와 젊음을 유지하기 위해서 즐겨 마셨다」고 전해집니다. 또한 「안토시아닌 이외에도 비타민 C와 시트르산, 칼륨 등을 함유하고 있어 건강에 좋다」고 합니다.

한편 닭의장풀, 도라지, 용담, 피튜니아 등 푸른 꽃의 색도 안토시아닌의 색입니다. 「3대 절화(切花, 가지를 잘라 꽃꽂이 등에 이용하는 꽃-역자 주)」로 꼽히는 것은 장미, 국화, 카네이션이지만 이들 중에는 푸른 꽃이 없습니다. 그래서 이 식물들에 어떻게든 푸른 꽃을 만들어내려는 노력이 오랫동안 계속되어왔습니다.

그 결과 마침내 「유전자를 재조합하는」 첨단기술을 구사하여 푸른 꽃을 피우는 카네이션 제조에 성공합니다. 피튜니아가 가진 푸른 색소를 만드는 유전자를 카네이션에 집어넣어 꽃 안에서 푸른 색소를 만들어낸 것입니다. 푸른 꽃을 피우는 카네이션은 십수 년 전부터 이미 시판되고 있습니다.

푸른 장미꽃은 예로부터 「있을 수 없는 일」이나 「불가능」의 대명사로서 사용되는 등 「만들어낼 수 없는」 존재라고 여겨졌습니다. 그런데 마침내 푸른색 안토시아닌을 만드는 유전자를 팬지로부터 추출하여 장미에 도입함으로써 꽃 안에서 푸른 색소를 만들어내게 됩니다. 그 결과 푸른색 장미꽃이 탄생하였습니다.

2009년 11월 3일에는 「박수갈채」를 의미하는 「어플로즈」라는 상품명으로 푸른 꽃이 절화로서 시판되기 시작합니다. 그리고 푸른 장미의 꽃말은 「꿈을 이루다」가 되었습니다. 첫 발매 가격은 한 송이 3,150엔이라는 고가였으며, 발매 후 몇 년이 지난 지금도 이 가격 그대로 「예약이 꽉 차는」 인기가 이어지고 있습니다.

이처럼 붉은 꽃의 색과 푸른 꽃의 색은 모두 안토시아닌이라는 색소의 색입니다. 그렇다면 「안토시아닌의 진짜 색은 무엇일까」 하는 의문이 떠오를지도 모릅니다. 그런데 사실 안토시아닌은 붉은색이라고도 푸른색이라고도 할 수 없습니다.

안토시아닌에는 쉽게 색이 변화하는 성질이 있습니다. 산성액에 반응하여 짙은 적자색이 되고 알칼리성이 강해짐에 따라 푸른색에서 녹색, 노란색으로 변색됩니다. 「산성」이나 「알칼리성」이라는 말이 나오면 어려운 이야기처럼 느껴지기도 합니다. 하지만 그렇게 어려운 이야기가 아니며 간단한 실험으로 이 성질을 확인할 수가 있습니다.

초등학교 과학에서는 꽃잎으로 물의 색깔을 바꾸는 실험을 하는 경우가 있습니다. 또한 학교에서가 아니라도 어린 시절 꽃잎으로 색깔 있는 물을 만들었던 경험이 있을 것입니다. 그렇게 꽃잎에서 추출한 색깔 있는 물을 이용하여 안토시아닌의 성질을 알아볼 수 있습니다.

나팔꽃의 꽃잎을 물에 넣고 짜면 꽃잎의 색이 물에 녹아나옵니다. 안토시아닌은 찬물보다 더운물에 더 잘 녹아납니다. 따라서 꽃잎을 물에 담그고 그 용기를 전자레인지에 넣어 데우면 꽃잎의 색이 잘 녹아나오게 됩니다.

녹아나온 안토시아닌의 색이 깨끗한 붉은색이든 살짝 푸른빛이 도는 붉은색이든 요리에 쓰는 식초를 여기에 조금 첨가하면 짙은 적자색이 됩니다. 식초는 전형적인 산성용액이므로, 이 현상은 「산성 용액에 반응하여 짙은 적자색이 된다」라는 안토시아닌의 성질을 증명합니다.

짙은 적자색이 된 액체에 이번에는 벌레 물렸을 때 바르는 암모니아수를 천천히 똑똑 떨어뜨리며 휘젓습니다. 그러면 암모니아수가 증가함에 따라 액체의 색은 푸른빛을 띠었다가 녹색에서 노란색으로 변화합니다.

암모니아수는 작은 병에 든 것이 100~200엔으로 드러그스토어나 약국 등에서 판매되고 있습니다. 암모니아수는 전형적인 알칼리성용액이므로, 이 실험은 「알칼리성이 강해질수록 푸른색에서 녹색, 노란색으로 변색한다」라는 안토시아닌의 성질을 증명합니다.

이 성질은 극단적인 경우 하나의 꽃에서 하루에 걸쳐 나타나는 경우가 있습니다. 예를 들어 아침 일찍 필 때는 새파랗던 나팔꽃이 오후가 되어 질 때는 붉은빛을 띠는 현상 등입니다.

주변에 있는 꽃잎을 가지고 여기에서 소개한 방법으로 실험을 해보세요. 안토시아닌이라는 색소가 얼마나 많은 꽃의 색이 되는지 확인할 수 있을 것입니다.

카로틴은 빨강과 주황, 노란색 색소이며 선명한 것이 특징입니다. 국화와 민들레, 마리골드 등의 노란색 꽃에 함유되어 있습니다. 카로틴은 「Carotene」 또는 「Carotine」으로 표기하는데 Carotene은 영어, Carotine은 독일어입니다.

카로틴은 「카로티노이드」라는 물질의 일종입니다. 따라서 카로틴 대신 카로티노이드라는 단어를 사용하는 경우도 있습니다. 이전에는 독일어인 Carotinoide를 썼으나, 최근에는 영어인 Carotenoid가 많이 쓰입니다.

카로틴은 물에는 녹아나오지 않습니다. 그래서 국화와 민들레, 마리골드 등의 꽃을 물에 담가놓거나 전자레인지에 돌려도 물은 노란색이 되지 않습니다. 이처럼 카로틴은 물에 녹아나오지 않는다는 점에서 안토시아닌과는 쉽게 구별이 가능합니다.

최근 이른 봄에 노란색 꽃이 이곳저곳의 들판 가득 피는 것을 볼 수 있습니다. 십자화과의 유채꽃으로, 전 세계에서 재배되는 유럽 원산의 식물입니다. 이 식물의 선명한 노란색 꽃의 색소는 카로틴에 의한 것입니다. 가장 먼저 봄소식을 전하는 꽃이기에 관광자원으로서도 공헌합니다. 또한 이 꽃에서는 「산뜻하고 그리운 맛」이라 형용되는 벌꿀이 나옵니다.

이 식물은 그뿐만 아니라 「녹비(풋거름. 생풀이나 생잎으로 만든 충분히 썩지 않은 거름-역자 주)」로 유용합니다. 유채는 4월 초순까지 크게 성장하는데, 그 후 모내기 전에 유채를 베면 그 잎과 줄기가 흙 속에 썩어 들어가 비료가 되어 토지를 기름지게 만듭니다. 즉 녹색식물이 비료가 되므로 「녹비」라 불리는 것입니다. 화학비료에 의존하지 않고 토지를 비옥하게 만들기 위해 사용합니다.

이전에는 모내기 전의 논에서 자운영(紫雲英)이 자랐습니다. 콩과의 자운영은 뿌리에 달린 작은 알갱이 속에 사는 「뿌리혹박테리아」에게 공기 중의 질소를 재료로 질소비료를 만들게 합니다.

그래서 자운영은 잎과 줄기에 질소를 잔뜩 함유하고 있습니다. 그 잎과 줄기를 모내기 전의 논에 갈아 넣으면 질소가 배어나와 토지가 비옥해집니다. 덕분에 오랜 기간 자운영은 「녹비의 대표」로 이용되어왔습니다.

그러나 최근 모내기가 기계화되면서 이른 시기에 작은 모를 심게 되었습니다. 때문에 갈아 넣을 자운영이 크게 성장하기까지 기다릴 수 없게 된 것입니다. 그래서 자운영 대신 보다 성장이 빠른 유채가 「녹비의 대표」로 자리 잡아가고 있습니다. 유채는 뿌리혹박테리아를 통해 질소비료를 만드는 식물은 아니지만, 모내기 전에 크게 성장하므로 그 잎과 줄기를 비료로 유용하게 사용 가능합니다.

유채는 관광자원과 「녹비」로 도움이 되기 때문에 재배되는 것만은 아닙니다. 열매를 짜면 「유채기름」을 얻을 수 있습니다. 그렇게 짜고 난 찌꺼기는 유박(油粕)으로서 비료가 됩니다. 또한 사료로도 사용됩니다.

「유채기름」은 가정 또는 학교급식을 위한 튀김을 튀기는 데 사용한 뒤 회수됩니다. 그 후 깨끗하게 처리하여 버스나 트럭의 디젤엔진을 움직이는 연료로 사용하는데, 이것을 「바이오디젤 연료」라고 부릅니다.

이 식물은 거기서 그치지 않고 「토양의 방사능오염을 완화시키는 효과도 있다」고 일컬어집니다. 1986년의 우크라이나 체르노빌 원자력 발전소 사고 때 방출된 방사성물질에 의해 토양이 오염되었는데, 그 정화에 유채가 도움이 되었다고 입증된 것입니다.

그 이유는 유채가 방사성물질인 세슘과 스트론튬을 토양으로부터 흡수하기 때문입니다. 단 이것은 유채만의 특별한 성질은 아닙니다. 일반적인 식물들도 토양에서 칼륨과 칼슘을 양분으로 흡수하며, 그때 세슘과 스트론튬도 함께 흡수합니다.

그렇다면 「왜 유채만 토양의 방사능오염을 정화하는 효과가 있다고 말하는 것일까」 하는 의문이 생깁니다. 이에 대해서는 납득이 갈만한 설명이 되어 있지 않습니다. 유채는 성장이 빨라 다른 식물보다 많은 양을 흡수하는 것인지도 모릅니다. 그러니 성장이 빠른 해바라기에도 같은 효과가 있을 것이라고들 합니다. 다만 현재로서는 유채와 해바라기가 가진 특별한 작용을 뒷받침할 근거는 발견되지 않았습니다.

마리골드는 봄부터 가을에 걸쳐 정원이나 화단에서 재배되는 인기 있는 식물입니다. 원산지는 멕시코이며, 꽃에는 다량의 카로틴이 들어 있습니다. 주황색 비슷하게 붉은빛을 띠고 있는 것은 안토시아닌을 함유하기 때문입니다.

꽃들이 꽃잎을 아름답고 예쁘게 치장하는 것은 자외선이 닿아 생성되는 유해한 활성산소를 제거하기 위해서로, 식물들의 생존전략 중 하나입니다. 그런데 식물들이 해로운 자외선을 안토시아닌과 카로틴으로 방어하는 것은 꽃 안에서 씨앗을 만들 때뿐만이 아닙니다. 잎 또한 꽃을 피워 자손을 남기기 위해 자신의 몸을 지키며 성장하고 있습니다. 따라서 잎에도 그러한 색소가 함유됩니다. 그에 대한 것을 다음 항에서 소개하려고 합니다.

잎과 뿌리와 열매에도 방어물질

안토시아닌은 붉은차조기, 적상추, 적채(적양배추), 자색양파 등에도 함유되어 있습니다. 「잎에 안토시아닌이 함유되어 있다고 하는데 자색양파의 식용부가 잎인가?」 하는 의문이 들지도 모르지만, 자색양파와 양파의 식용부는 잎입니다. 둥근 식용부는 짧은 줄기 둘레에 비늘 모양으로 두꺼워진 잎이 모여 이루어진 것입니다. 그래서 「비늘줄기」라고 부릅니다.

카로틴도 꽃뿐만 아니라 파슬리, 시금치, 쑥갓 등의 잎에 다량 함유되어 있습니다. 안토시아닌과 카로틴은 항산화물질이므로 이러한 채소들은 우리 건강에 좋다는 말이 됩니다.

특히 카로틴을 많이 섭취할 수 있는 것은 녹황색채소입니다. 녹황색채소란 녹색과 황색 색소를 많이 가진 채소를 말합니다. 대표적인 녹황색채소로는 푸른차조기, 파슬리, 쑥갓, 소송채, 부추, 시금치, 무청, 물냉이 등이 있습니다. 또한 김이나 미역 등의 해조류에도 카로틴이 많이 함유된 것으로 알려졌습니다.

안토시아닌과 카로틴은 꽃잎과 잎뿐만이 아니라 열매껍질과 과육 속에도 존재합니다. 이것이 열매 안의 씨앗을 해로운 자외선으로부터 지키고 있는 것입니다. 씨앗이 완전히 성숙하기까지 식물들이 자신의 아이를 보호하는 모습이라고 생각하면 좋습니다.

딸기 열매의 붉은색은 안토시아닌에서 유래합니다. 포도의 적자색, 블루베리의 청자색 열매 색 등도 안토시아닌에 의한 것입니다. 한편 카로틴은 채소 중에는 토마토, 수박, 호박, 피망, 붉은 파프리카, 과일 중에는 감, 비파, 오렌지 등에 많이 들어 있습니다. 「동지(冬至)에 먹으면 중풍에 걸리지 않는다」라는 말이 있는 호박은 카로틴의 색을 그대로 띠고 있어 카로틴 함유량이 높다는 사실을 알 수 있습니다.

다종다양한 음료수가 진열되는 자동판매기에 최근 들어 채소주스도 놓이게 되었습니다. 캔에는 저마다 「산뜻하고 맛있는 오렌지 맛」, 「몸에 좋은 채소주스」 등이라 적혀 있는데, 캐치프레이즈에 끌려 구입해보면 정말 카로틴이 듬뿍 들어 있습니다.

카로틴은 그 자체로도 뛰어난 항산화능력을 가지고 있지만, 그것뿐만이 아니라 체내에 비타민 A가 부족하면 비타민 A로 변환되어 비타민 A로서 작용하는 역할도 합니다. 그래서 필요량을 초과하여 섭취된 카로틴은 간에서 대기하게 됩니다.

이처럼 우리 인간은 식물들이 자신의 몸을 지키기 위해 만드는 물질을 얻어다 이용하고 있습니다. 식물들과 우리 인간은 같은 생명체입니다. 각각의 특징은 있을지언정 동일한 구조로 살아갑니다.

식물들과 우리의 생명은 이어져 있습니다. 같은 고민을 가지고 그 고민을 극복하기 위하여 우리와 식물은 모두 열심히 살아가는 것입니다.

역경에 맞서며 아름다워지는 "대단함"

지금까지 「꽃은 자외선이 닿아 생성되는 유해한 활성산소를 제거하지 않으면 안 됩니다. 다음 세대로 생명을 이어가고자 새로 태어나는 건강한 씨앗을 지키려는 것입니다. 그러기 위한 물질이 안토시아닌과 카로틴입니다」라고 소개하였습니다. 이 이야기를 바탕으로 다음 문제를 한번 풀어보세요.

「식물이 받는 태양 빛이 강하면 강할수록 꽃의 색은 어떻게 될까요?」

다음 셋 중에 알맞은 답을 고르세요.

① 변화하지 않는다.

② 옅어진다.

③ 점점 더 짙은 색이 된다.

강한 자외선과 태양 빛이 많이 닿을수록, 꽃들은 해로운 활성산소를 제거하기 위한 색소를 더 많이 만들어낼 필요가 있습니다. 그러므로 정답은 「③ 점점 더 짙은 색이 된다」입니다.

고산식물의 꽃 중에는 예쁘고 아름다우며 선명한 색을 가진 것이 많습니다. 공기가 맑은 높은 산 위에는 자외선이 강하게 내리쬐기 때문입니다. 또한 태양의 강한 빛에 노출된 밭이나 화단 등 노지에서 재배한 카네이션과 자외선 흡수 유리로 둘러싸인 온실에서 재배한 카네이션을 비교해보면 노지재배 카네이션 꽃의 색이 훨씬 더 선명합니다. 자외선을 포함한 태양 빛을 직접 받기 때문입니다.

식물들은 건강하게 살기 위해 자외선과 태양의 강한 빛으로부터 몸을 보호하고 있습니다. 자외선과 강한 빛이라는 유해한 것이 많으면 많을수록 식물들은 선명한 색으로 더 매력적이 됩니다. 식물들은 역경에 맞서며 아름다워지는 것입니다. 역경을 만나면 고생하게 되지만 그 고생이 매력을 키우는 데 이어진다고 할 수 있습니다.

이러한 논리는 우리 인간의 경우에도 적용됩니다. 그래서 「역경을 만나 고생하면 인간성이 연마된다」라는 말이 격려에 사용되기도 합니다. 또한 옛날부터 「젊어 고생은 사서도 한다」라고 하는 것도 같은 취지일 것입니다.

다음으로 「가지와 토마토 열매의 색은 태양의 강한 빛을 받으면 어떻게 될까요?」라는 문제는 어떤가요. 바로 풀 수 있을 것입니다. 다음 셋 중에 알맞은 답을 고르세요.

① 변화하지 않는다.

② 옅어진다.

③ 점점 더 짙은 색이 된다.

자외선과 강한 빛 아래일수록 채소와 과일은 짙게 물듭니다. 물드는 색소에는 항산화 작용이 있기 때문입니다. 따라서 강한 빛이 내리쬐면 쬘수록 열매 안의 씨앗을 자외선으로부터 보호하기 위해 대부분의 채소와 과일이 짙게 물들게 됩니다. 정답은 「③ 점점 더 짙은 색이 된다」입니다.

가령 온실재배로 자외선이 차단되면 가지나 토마토 열매의 빛깔이 나빠집니다. 포도 열매는 태양에 노출되는 시간이 길어질수록 짙게 물듭니다. 8월 하순 열매가 주렁주렁 열린 감나무를 찾아 열매가 물들어가는 모습을 관찰해보세요. 볕이 잘 드는 부분에 달린 열매부터 물들어갈 것입니다. 열매 하나만 봐도 마찬가지입니다. 빛을 잘 받는 부분부터 물이 듭니다.

"껍질"은 열매를 지킨다

NHK(일본의 공영방송국–역자 주)의 라디오 프로그램 중에 「여름방학 어린이 과학 전화상담」이라는 것이 있습니다. 여기에서는 전국의 유치원생, 초등학생, 중학생이 식물, 동물, 우주 등에 대한 소박한 의문을 전화로 보내옵니다. 필자는 식물에 대한 질문의 회답자 중 한 사람으로 최근 몇 년간 출연 중입니다.

어느 해 「과일에는 왜 껍질이 있나요?」라는 질문을 받은 적이 있

습니다. 과일에는 과육을 감싸는 "껍질"이 있습니다. 과일의 껍질이
므로 「과피」라고 부릅니다. 바나나와 귤 등의 과피는 쉽게 벗길 수
있으나 사과와 감, 배 등의 경우에는 과피를 일일이 과일칼이나 식
칼로 깎아야 하기 때문에 번거롭습니다. 그래서 「왜 과일들은 그런
것을 몸에 두르고 있는 것일까」 하고 소박한 의문이 들었던 모양입
니다.

식물이 과일을 만드는 것은 아이인 씨앗을 만들어 자신들의 생명
을 다음 세대로 이어가기 위해서입니다. 그러므로 과일은 열매 속에
있는 씨앗을 지키고 키워내야 합니다. 과피는 이를 위해 열매를 지
키고 있는 것입니다. 「무엇으로부터 지키는가?」 생각해보면 과피가
있는 이유를 구체적으로 알 수 있습니다.

우선 과피가 없으면 맛있는 양분이 든 과즙이 밖으로 흘러 떨어집
니다. 그러면 과일은 건조하여 크게 자랄 수 없고, 그런 조건에서는
씨앗도 제대로 만들지 못합니다. 즉 과피에는 건조되지 않도록 열매
를 지킨다는 중요한 역할이 있습니다. 특히 수박과 호박의 두꺼운
과피는 건조를 막는 의미가 강합니다.

단단한 껍질에는 벌레에게 먹히지 않도록 열매와 씨앗을 보호하
는 의미가 있습니다. 과육과 과즙에 함유된 영양 성분을 벌레나 새
등이 간단히 먹지 못하게 막는 것입니다. 사과와 배 등의 비교적 반
들반들하고 단단한 과피는 이처럼 벌레나 새 등에게 먹히지 않도록
방어하고 있습니다. 열매를 지켜 씨앗을 만들기 위해서입니다.

사과나 바나나의 과피에 상처가 나면 그 부분이 검게 변하며 딱지
같은 것이 상처를 덮습니다. 이는 그곳으로 병원균이 들어오지 못하

게 하려는 것입니다. 따라서 과피에는 병원균의 감염을 방지한다는 중요한 역할도 있습니다.

과피는 병원균과 마찬가지로 곰팡이도 방어합니다. 곰팡이 포자 같은 것들은 어디에나 날아다니고 있습니다. 날음식을 방치해두면 어느샌가 곰팡이가 피는 것은 곰팡이 포자가 공기 중을 떠돌고 있기 때문입니다.

과피는 곰팡이 포자가 들러붙지 않도록 표면을 깨끗하게 하는데, 때로는 비에 씻길 필요도 있습니다. 그래서 과일 껍질 중에는 빗물이 배어들지 않게 반들반들한 것이 많습니다. 이들은 비를 맞으면 깨끗해지는 이점을 가집니다.

또한 과피가 상처 입으면 검게 변하는 것은 폴리페놀이 과피 또는 그 안쪽에 존재하기 때문입니다. 폴리페놀은 항산화 작용이 있어 해로운 자외선을 방어합니다. 사과와 토마토의 붉은 껍질, 귤과 감의 노란 껍질, 보라색 포도와 블루베리 껍질 등에 함유된 색소는 해로운 자외선을 막는 작용을 하는 안토시아닌과 카로틴입니다. 덕분에 과피는 열매 안에서 태어나는 아이인 씨앗을 해로운 자외선으로부터 지킬 수 있는 것입니다.

과피의 기능은 과일의 종류마다 가지각색입니다. 하지만 그것들의 목적은 한 가지로, 열매 안에 든 씨앗을 지키는 것입니다. 이와 같이 과일의 "껍질"이란 아이를 지키는 과일의 모습 자체라 할 수 있습니다.

제6장

역경 속을 살아가는 방식

(1) 더위와 건조에 지지 않아!

식물은 열중증에 걸리지 않는다!

최근 여름의 혹서가 대단합니다. 매년 태양의 강한 빛과 더위 탓에 많은 사람이 「열중증(熱中症)」에 걸리고 있습니다. 구급차로 병원에 실려 가는 사람이 여름 한 철 전국에서 수만 명을 넘으며 사망자도 나오는 실정입니다.

최근에는 「열중증」이라 부르지만, 수십 년 전까지는 이것을 「일사병(日射病)」이라고 불렀습니다. 더운 날씨에 오랜 시간 태양의 강한 빛을 받으면 체온이 상승하고 수분이 부족해지며 두통과 현기증을 일으킵니다. 심한 경우에는 의식을 잃는 등의 증상이 나타나기도 합니다.

극심한 더위 속에서 「인간 이외의 동물은 열중증에 걸리지 않는 것일까」 하고 의문을 품는 사람이 많습니다. 애완용 개와 고양이는 주인의 보살핌을 받기 때문에 그렇게 오랜 시간 태양의 강한 빛에 노출되는 일은 적을 것입니다.

어느 더운 여름날 「식물들은 열중증에 걸리지 않나요?」라는 질문을 받았습니다. 자연 속에서 자라는 식물들도 태양의 강한 빛과 더위의 영향을 받습니다. 「열중증」이라는 병명이 적절한지 아닌지는 모르겠으나, 혹서 탓에 몸이 쇠약해지는 경우는 있습니다.

그래도 여름에 성장하는 식물들은 우리가 걱정하지 않으면 안 될 만큼 더위로 곤란해하는 일은 드물 것입니다. 왜냐하면 더위를 정말 견디지 못하는 식물들은 여름의 더위가 오기 전 봄에 꽃을 피워 더위에 견딜 수 있는 씨앗을 만들고 금방 시들기 때문입니다. 그러므로 여름의 더위에 약한 식물들은 여름에는 이미 모습을 감추었습니다.

여름에는 녹색을 띠는 식물이 많아 시들어버린 식물의 모습은 눈에 잘 띄지 않습니다. 봄에 꽃을 피우는 식물들을 떠올려보세요. 유채나 튤립, 카네이션 등의 모습을 여름에는 찾을 수 없을 것입니다.

겨울의 밭에서 자라던 무, 배추, 양배추 등의 모습도 여름의 밭에는 없습니다. 「여름이 제철인 채소를 재배하기 위해서 이미 수확했기 때문에 모습을 감춘 것」이라고 생각하기 쉽습니다. 하지만 이 채소들이 만약 수확되지 않고 계속 재배되었다고 해도 봄에 꽃을 피우고 씨앗을 만든 다음 여름의 더위가 오기 전에 시들었을 것입니다.

한편 여름의 혹서 속에서 자라는 식물의 대부분은 더운 지방 출신입니다. 본래 여름의 더위에 강한 식물들인 것입니다. 그러니 열중증에 걸릴까 걱정하기보다 오히려 태양의 강한 빛과 더위를 기뻐할 수도 있습니다.

예를 들어 여름에 꽃을 피우는 나팔꽃과 맨드라미의 출신지, 즉 원산지는 열대 아시아입니다. 그리고 분꽃은 열대 아메리카, 일일초(日日草)는 마다가스카르가 각각 원산지입니다. 또한 봉선화의 원산지는 동남아시아입니다.

꽃나무류를 살펴보면 협죽도와 무궁화의 원산지는 인도입니다. 한편 배롱나무는 중국 남부의 더운 지방, 히비스커스는 동아프리카와 인도 등의 열대 난지(暖地)가 각각 원산지입니다. 채소에서는 수박이 아프리카 중부, 오이는 인도, 여주와 수세미외는 열대 아시아, 오크라는 아프리카, 가지는 인도가 각각 원산지입니다.

이러한 식물들의 선조가 태어나 자란 고향은 「열대」라는 말이 붙는 토지나, 인도 혹은 아프리카 등 아무리 봐도 더울 것만 같은 지역입니다. 그러니 여름에 성장하는 식물들은 혹서라고 해서 우리가 걱정해야 할 만큼 힘들어하지는 않습니다.

다만 이러한 식물들이 「더위에 강한」 것은 더위와 싸우기 위한 구조를 가지고 있기 때문입니다. 어떠한 구조를 가지고 여름의 더위와 싸우고 있는 것일까요.

더위와 싸우는 "대단함"

여름에 성장하는 식물들은 맹렬한 더위와 싸우고 있습니다. 그렇게 싸우기 위한 구조 중 하나는 식물이 자신의 몸을 식히는 냉각능력입니다. 태양의 강한 빛을 받는 잎은 물을 증발시킴으로써 몸의 온도를 낮춥니다. 우리가 더울 때 땀을 흘리는 것과 같은 원리입니다. 물을 1그램 증발시키면 열 583칼로리가 빠져나갑니다. 많은 물을 증발시키면 시킬수록 몸을 식힐 수 있는 것입니다.

그래서 여름낮의 식물은 많은 물을 사용합니다. 오랜 시간 숲이나 산에서 자라고 있는 수목은 넓은 범위에 뿌리를 뻗고 있어 많은 물을 흡수할 수 있습니다. 또한 그런 수목들 밑에서 사는 작은 나무와 풀은 그늘에 자리하여 강한 빛을 받지 않으므로, 물이 부족하지 않습니다.

물 부족으로 어려움을 겪는 것은 집의 마당과 텃밭, 화단에서 자라는 식물들입니다. 따라서 이러한 식물들에게는 물을 듬뿍 줄 필요가 있습니다. 여름의 혹서 중에는 낮의 더위 탓에 저녁이 되면 마당과 텃밭, 화단의 흙이 바싹 마르게 됩니다. 그러니 물을 주는 것은 저녁이 좋습니다.

저녁 무렵 물 부족으로 잎을 축 늘어뜨렸던 식물도 밤 동안 물을 흡수하여 아침이 되면 잎을 활짝 펼칩니다. 밤사이 물을 마시고 충분한 물을 가진 상태로 아침의 태양 빛을 맞이하여 힘차게 광합성을 시작하는 것입니다.

식물이 밤 동안 많은 물을 흡수하여 몸에 모아두는 것을 증명하는 「일수(溢水)」라는 현상이 있습니다. 이른 아침 잎의 끝부분에 물방울 형태로 물이 괴는 현상입니다. 밤사이 물을 너무 많이 흡수하여 남은 물이 넘쳐난 것입니다.

간밤의 습도가 높았던 날 아침 일찍 많은 식물에서 관찰할 수 있습니다. 이른 아침에 키가 작은 풀이 자란 들판을 산책하면 신발이 흠뻑 젖습니다. 또한 키가 큰 풀이 나 있으면 바지나 치마의 옷자락이 흠뻑 젖습니다. 이는 잎 위의 이슬이 원인이기도 하지만, 많은 식물의 「일수」가 이런 상황을 가져오는 경우도 있습니다.

식물들은 밤사이 물을 흡수하여 몸에 저장합니다. 그래서 물은 저녁에 주는 것이 좋다는 것입니다. 다만 저녁에 주는 것보다 이른 아침에 주는 편이 더 좋을 때가 있습니다. 그것은 식물이 곰팡이나 버섯의 「균사(菌絲)」가 많은 토지에서 자라고 있는 경우입니다.

곰팡이가 핀 음식 등을 보면 하얗고 가는 실 같은 것이 모여 있습니다. 그 가느다란 실처럼 생긴 것이 바로 「균사」로 곰팡이의 본체입니다. 또한 버섯도 곰팡이의 일종입니다. 따라서 버섯의 경우 우리가 먹는 갓이 달린 버섯이 나오기 전까지 「균사」가 번식합니다.

시판되고 있는 버섯을 주의 깊게 관찰해보면 가끔 버섯의 밑동 부분에 하얗고 푸한 느낌이 나는 것이 조금 남아 있습니다. 그것이 버섯의 「균사」이며 버섯을 만들어내는 근본입니다.

곰팡이와 버섯의 균사는 번식이 매우 빠릅니다. 곰팡이나 버섯이 축축하게 젖은 상태의 따뜻한 환경에서 번식한다는 사실은 잘 알려져 있습니다. 그러므로 여름날 저녁에 물을 듬뿍 준다면 양분이 있는 마당과 텃밭, 화단의 균사는 따뜻한 밤을 이용해 기뻐하며 번식할 것입니다.

이러한 토지의 경우 흙을 세심하게 관찰하면 곰팡이와 버섯의 균사가 번식하고 있는 것이 보입니다. 흙에 섞인 마른 잎 조각에 하얀 균사가 붙어 있거나, 혹은 작은 나무 부스러기 등이 하얀 균사로 덮여 있기도 합니다.

심한 경우에는 여름날 저녁 물을 듬뿍 주고 나서 다음날 아침 습도가 높으면 밭의 검은 흙이 온통 엷은 흰색으로 뒤덮여 있는 것처럼 보이는 경우도 있습니다. 이처럼 하얗게 보이는 것이 곰팡이와 버섯의 균사입니다.

이러한 징후가 나타나는 토지에서는 저녁에 물을 주면 안 됩니다. 곰팡이나 버섯의 균사가 만연하면 식물이 시들거나 생육이 억제되기 때문입니다. 대신 아침 일찍 물을 주면 곰팡이와 버섯의 균사는 한낮 태양의 강한 빛이나 거기에 포함된 자외선에 약하기 때문에 식물의 생육에 해를 끼칠 정도로 번식하지 못합니다.

물을 줄 때는 넉넉한 양을 주어야 합니다. 물을 흡수하는 뿌리는 땅속 깊숙이 뻗어 있습니다. 따라서 흙의 표면으로부터 물이 스며들어가 그 깊이까지 도달할 만큼 듬뿍 줄 필요가 있는 것입니다. 물을 뿌려 흙의 표면이 젖었다 해서 깊은 곳까지 스며든 것은 아닙니다.

물을 뿌리고 나면 손끝으로 살짝 흙을 파보세요. 그리고 물이 잘 스며들었는지 확인해보세요. 재배 중인 화초나 텃밭에서 기르는 채소 등 소중한 식물이 물 부족으로 시들지 않게 하려면 그만큼 세심한 보살핌이 필요합니다.

낮에는 물을 주지 않는 편이 좋습니다. 낮에 준 물은 땅속에 스며들기 전에 더위로 말라버려 모처럼 준 물의 태반이 낭비됩니다. 아무리 듬뿍 주려고 해도 땅속에 스며드는 물은 의외로 적습니다. 낮에 흙의 표면이 젖을 만큼만 물을 주는 것은 물을 흡수하기 위한 뿌리를 땅속 깊이 뻗고 있는 식물들에게는 도움이 되지 않는 것입니다.

또한 낮에 준 물은 땅속의 물을 빨아들여 증발시키는 경우가 있습니다. 더운 날 흙의 표면에서 아래로 스며든 물이 땅속에 있던 물과 결합하면 지표에서 증발할 때 땅속의 물까지 끌어올려 함께 증발해버리는 것입니다. 그러면 땅속의 물마저 사라져 대체 무엇을 위해 물을 주었는지 알 수 없게 됩니다.

밤에 광합성 준비를 하는 "대단한" 식물들

식물들은 태양의 강한 빛을 받으면 잎에서 물을 증발시킵니다. 그렇게 하면 몸이 식어 태양의 강한 열과 더위로부터 몸을 지킬 수 있기 때문입니다. 그러기 위해서는 많은 물이 필요합니다. 그런데 그렇게 많은 물을 사용할 수 없는 환경에서 살아가는 식물들이 있습니다. 이를테면 선인장이 그렇습니다.

선인장은 남북아메리카 대륙의 건조한 사막 지대 출신입니다. 물이 적은 사막이라는 건조한 장소에서는 가급적 물이 증발되지 않도록 하며 살아야 합니다. 그래서 선인장은 잎을 작은 가시로 바꿔 물의 증발을 막고 있습니다.

그리고 줄기 부분을 다육 상태로 만들어 물을 저장함으로써 건조한 환경에 견딜 수 있게 되었습니다. 이 부분이 잎의 역할을 담당하여 광합성을 합니다. 이 부분으로부터 물이 쉽게 증발하지 않도록 표면은 밀랍 같은 층으로 덮여 있습니다.

몸 전체에 나 있는 촘촘한 가시는 태양의 강한 빛이 다육 부분에 직접 닿는 것을 막아줍니다. 또한 건조한 사막 지대에서는 밤에 기온이 많이 떨어지므로 몸을 뒤덮는 가시에는 체온이 급격히 저하되는 것을 피하는 의미도 있으며, 다육 부분을 먹으려 하는 동물에게서 몸을 지키는 데도 유용합니다.

잎의 온도를 내리기 위해 물은 잎에 있는 기공(気孔)이라는 작은 구멍으로부터 증발합니다. 그런데 기공은 광합성에 필요한 이산화탄소를 거두어들이기 위한 구멍이기도 합니다. 때문에 물의 증발을 막으려고 기공을 닫으면 광합성 재료인 이산화탄소를 흡수할 수 없습니다. 이산화탄소를 흡수하기 위해서는 기공을 열어야만 하는데, 그러면 이번에는 많은 물이 잎에서 증발하고 맙니다.

이것이 건조한 사막 지대에 사는 식물들의 고민입니다. 식물들은 「광합성에 사용할 수 있는 빛이 내리쬐는 동안에는 이산화탄소를 잔뜩 흡수하고 싶어. 그러기 위해서는 기공을 열어놓아야만 해. 하지만 기공을 열면 물이 많이 증발할 거야. 그렇다고 기공을 닫아 물의 증발을 막고 있자니 모처럼 광합성에 사용할 태양 빛이 있는데, 이산화탄소를 흡수하지 못해 광합성을 할 수 없어」라고 오랜 시간 심각하게 고민했을 것이 틀림없습니다.

그렇게 고민하던 중 「그렇다면 태양 빛이 강한 낮에는 기공을 닫아 물의 증발을 막고, 태양 빛이 없는 서늘한 밤에 기공을 열어 이산화탄소를 흡수하면 되겠지」라고 깨닫는 식물들이 나타나게 됩니다.

물론 어두운 밤에 흡수된 이산화탄소는 빛이 없으므로 당장 광합성에 사용되지는 않습니다. 몸속에 저장될 뿐입니다. 그리고 아침이 되어 태양 빛을 받기 시작하면 저장해두었던 이산화탄소를 꺼내 태양의 빛 에너지를 이용하여 광합성을 하는 것입니다.

이러한 구조를 가진 식물의 대표가 돌나물과(Crassulacea)입니다. 그래서 돌나무과 식물이 행하는 대사(Crassulacean acid metabolism)라는 의미로, 각 단어의 머리글자를 따서 이렇게 기능하는 식물을 CAM(캠)식물이라고 부릅니다. 선인장과 알로에, 칼랑코에, 실론변경초, 파인애플 등이 이 무리의 식물입니다.

CAM식물은 낮에 잎의 물 증발을 억제하고 있기 때문에 물 소비량이 적은 것입니다. 식물이 얼마만큼의 물을 소비하는지는 식물의 크기, 온도와 습도, 태양 빛의 세기 등에 의해 조금씩 달라집니다. 따라서 식물의 무게가 1그램 증가하는 동안 소비하는 물의 양을 측정하면 각 식물 간에 비교가 가능합니다.

그러나 이렇게 정해도 수분을 많이 함유하는 식물과 그다지 함유하지 않는 식물 간에는 무게가 1그램 증가하는 동안 필요한 물의 양이 잘 비교되지 않습니다. 그러므로 식물의 물 소비량은 식물을 건조시켜 수분을 제거한 뒤의 무게가 1그램 증가하는 동안 사용되는 물의 양으로 나타냅니다.

일반적인 식물이라면 이 양은 500~800그램입니다. 고작 1그램 체중을 늘리는 데 엄청난 양의 물을 사용하는 것입니다. 반면 CAM식물의 경우에는 50~100그램입니다. 결과적으로 CAM식물은 낮에 기공을 닫음으로써 증발에 의한 물의 손실을 약 10분의 1로 절약하고 있다는 말이 됩니다.

다만 낮에 잎에서 물을 증발시키는 것은 몸의 온도를 낮추기 위해서입니다. 그러니 CAM식물이 낮에 물을 사용하지 않고 증발을 막는다면 체온의 상승을 억제할 수 없을 것입니다. 「낮의 태양 빛 탓에 잎의 온도가 올라갈 것」이라 추측됩니다.

그런데 신기하게도 이러한 식물들의 체온은 낮의 태양 빛을 받고 있을 때도 그렇게 높아지지 않습니다. 단 어떠한 장치로 태양의 열을 발산시키는지는 알려지지 않았습니다.

이와 같이 식물들은 자신의 몸을 식히는 냉각능력이 있기 때문에 「더위에 대항하여 싸우며 살아간다」라고 표현할 수 있습니다. 하지만 추위에 대해서는 그처럼 싸우는 방식을 취하지 못합니다. 식물에게는 스스로 몸을 덥히는 능력이 없기 때문입니다.

그래서 추위는 참고 견딜 수밖에 없습니다. 또한 이를 위해서는 추위에 견디기 위한 지혜가 필요합니다. 다음 항에서는 추위를 참고 견디기 위한 식물들의 생존법을 소개하겠습니다.

(2) 추위를 견디다

열역학 원리를 아는 "대단함"

가을이 되면 많은 식물의 잎이 시들어 떨어집니다. 그런데 1년 내내 푸른 잎을 달고 있는 나무도 있습니다. 겨울의 추위 속을 푸른 잎 상태로 지내는 나무는 삼나무와 소나무, 전나무, 동백나무와 금목서 등입니다. 이들을 「상록수(常綠樹)」라고 부릅니다.

예로부터 「이러한 식물들은 어떻게 겨울의 추위 속에서 푸른 잎 상태로 지낼 수 있는가」 하고 신기하게 여겨졌습니다. 그리고 옛날 사람들은 겨울의 추위를 만나도 시들지 않는 푸른 나무를 「영원한 생명」의 상징이라 숭상하였습니다.

신과 관련된 행사에서는 비쭈기나무의 가지와 잎이 신목으로 사용됩니다. 또한 불단이나 묘에는 붓순나무를 올립니다. 비쭈기나무와 붓순나무는 모두 상록수입니다. 이 나무들은 예로부터 신사(神社)와 절에 소중히 식재되어왔습니다.

「세한송백(歲寒松柏)」이라는 말이 있습니다. 「세한」은 「추운 겨울」을 의미하고 「송백」은 소나무와 측백나뭇과의 편백나무, 화백나무, 측백나무 등의 수목을 지칭합니다. 이들은 모두 상록수로서 추운 겨울에도 푸르름을 잃지 않는다는 데서 「아무리 힘든 때라도 신념을 관철하는 것」을 비유하는 말로 쓰입니다. 소나무와 편백나무 등의 상록수는 1년 내내 푸른 잎을 달고 있는 것에 대한 호기심과 숭경(崇敬)의 대상이 되어온 것입니다.

「왜 1년 내내 상록수의 잎은 녹색일 수 있는 것일까?」 하고 질문하면 대부분의 경우 바로 「그 나무들이 추위에 강하기 때문」이라는 대답이 돌아옵니다.

이 대답이 틀린 것은 아닙니다. 하지만 무언가 부족합니다. 그 이유는 이 대답에 이들 나무가 추위를 견디기 위해 하고 있는 노력이 언급되지 않았기 때문입니다. 아무리 추위에 강한 식물이라도 아무런 노력 없이 추위에 강하지는 않습니다.

가령 1년 내내 푸른 나무의 잎도 더운 여름에 마치 겨울처럼 온도가 낮아지면 그 잎은 저온에 견디지 못하고 얼어붙어 시들고 맙니다. 그러나 겨울의 추위에 노출된 녹색 잎은 저온으로 얼어붙지 않습니다. 즉 1년 내내 같은 녹색을 하고 있어도, 잎은 겨울의 추위에 맞서 견디기 위한 준비를 하고 있는 것입니다. 어떤 준비를 하고 있는 것일까요.

겨울의 추위를 견디며 살아가기 위해서는 겨울에 얼지 않는 성질을 몸에 지닐 필요가 있습니다. 그러므로 이러한 잎들은 겨울이 다가오면 잎 속에 얼어붙지 않기 위한 물질을 늘립니다. 이를테면 「당분」이 있습니다.

「당분」이란 단맛을 내는 성분으로 「설탕」이라고 생각해도 괜찮습니다. 겨울이 다가올수록 잎이 당분을 늘리는 의미는 설탕을 녹이지 않은 물과 설탕을 녹인 설탕물 중 어느 쪽이 잘 얼지 않는가 생각해 보면 알 수 있습니다.

둘 중 설탕물이 더 잘 얼지 않습니다. 그리고 녹아들어간 설탕의 농도가 높아질수록 더욱더 얼지 않게 됩니다. 예를 들면 물은 0℃에서 얼지만, 15퍼센트의 설탕물은 영하 1℃에서도 얼지 않습니다. 잎이 함유한 당분의 양이 많아질수록 잎은 얼지 않게 되는 것입니다. 「응고점강하(凝固点降下)」라는 열역학 원리입니다.

「응고점강하」란 「순수한 액체에 휘발되지 않는 물질이 많이 용해되면 용해될수록 고체가 되는 온도가 낮아지는」 현상을 말합니다. 바꿔 말하면 물속에 당분이 많이 녹아 있을수록 그 액체가 어는 온도가 낮아진다는 뜻입니다. 따라서 당분을 늘린 잎은 추운 겨울에도 얼지 않고 푸르름을 간직할 수 있습니다. 실제로는 날씨가 추워지며 비타민류 등의 함유량이 늘어나기 때문에, 그러한 물질에 의한 응고점강하 효과로 잎이 점점 더 얼지 않게 됩니다.

푸른 잎을 가지고 추운 겨울을 나는 식물들은 이러한 원리를 알고 실천하는 것입니다. 이처럼 겉에서 보면 아무런 변화도 없어 「추위에 강하니까 계속 녹색인 것」이라고 생각하기 쉬운 상록수의 잎은 사실 추위를 견뎌낼 지혜를 짜내며 살고 있습니다. 아무 노력도 하지 않는 것처럼 보이지만 실은 "대단한" 노력가라고 할 수 있습니다. 아무런 노력도 없이 추운 겨울에 포근한 햇살을 쬐며 푸르게 빛나는 것은 불가능합니다.

다만 「겨울의 나뭇잎은 당분이 늘어난다고 하는데 정말 단맛이 날까」 의심스럽다고 해서 잎을 뜯어 먹어보지는 마세요. 나뭇잎에는 벌레 먹지 않도록 방어하기 위한 유독한 물질이 포함되어 있는 경우가 많습니다. 그래서 잎을 먹었다가 토하거나 설사를 하기도 합니다. 심한 경우에는 현기증이나 의식을 잃는 중독 증상이 나타날지도 모릅니다.

「추위를 견디기 위해 잎 속에 당분을 늘리는」 것은 추운 겨울을 나는 많은 식물이 공통적으로 사용하는 방식입니다. 그러니 채소로 확인할 수도 있습니다. 가령 겨울을 넘긴 무와 배추, 양배추 등은 「달다」고 합니다. 당분이 늘어나 단맛이 증가한 것입니다.

「수축시금치」라는 것이 있습니다. 이 시금치는 겨울에 따뜻한 온실에서 재배됩니다. 그런데 출하 전 일정 기간 동안 일부러 온실 안에 겨울의 찬바람을 불어넣어 시금치를 추위에 노출시킵니다. 당분을 늘려 당도를 높이려는 목적입니다.

소송채는 십자화과의 대표적인 녹황색채소로 시금치, 쑥갓과 함께 「비결구성(非結球性, 채소 잎이 둥글게 모이지 않고 펼쳐진 형태-역자 주) 3대 청채(靑菜)」의 하나입니다. 에도 시대, 에도의 고마쓰가와(小松川, 지금의 도쿄 도 에도가와 구(江戶川区))에서 재배되었다는 데서 유래하여 「소송채(小松菜, 고마쓰나)」라는 이름이 붙었습니다. 섬휘파람새가 지저귈 무렵부터 나오기 시작하며 색도 비슷하다고 하여 「휘파람새나물(휘파람새를 뜻하는 일본어 '우구이스'와 푸성귀. 나물을 뜻하는 '나'를 합쳐 '우구이스나'-역자 주)」이라는 별명으로 부르기도 합니다.

겨울에 출하되는 것은 온실에서 재배한 소송채입니다. 「수축시금치」와 마찬가지로 출하 전 일정 기간 동안 일부러 온실 안에 겨울의 찬바람을 불어넣어 추위에 노출합니다. 그로 인해 단맛이 증가하는데, 이것이 「수축소송채」라고 불리는 것입니다.

또한 「설하(雪下)당근」이라 불리는 당근이 이른 봄에 출하됩니다. 이것은 가을에 수확하지 않고 추운 겨울 내내 눈 속에 묻어두었던 당근입니다. 단맛이 아주 강하여, 당도가 일반 당근의 두 배나 된다고 합니다.

과일 중에도 귤 같은 것은 겨울의 추위를 만나면 단맛이 더욱 강해집니다. 「완숙 귤」이라 불리는 것은 추운 겨울을 겪어 당분이 높아진 귤입니다.

푸른 잎을 가지고 겨울의 추위를 견디는 식물뿐만 아니라, 식용부가 땅속에 있는 무와 당근, 또한 과일까지 같은 구조로 겨울을 나고 있습니다. 추운 겨울을 피할 수 없는 지역에 사는 식물들은 겨울을 견뎌대기 위한 방법을 터득하고 있는 것입니다. "대단하다"고 감탄하지 않을 수 없습니다.

지면을 기며 살아가는 "대단함"

「식물들이 발아하는 계절은 언제일까요?」 하고 물으면 많은 사람이 「봄」이라고 대답합니다. 분명 봄에 발아하는 식물이 많지만, 가을에도 한번 들이나 길가를 주의 깊게 관찰해보세요. 막 싹이 튼 식물이 많을 것입니다. 이러한 식물의 대부분은 가을에 발아하여 독특한 모습으로 추운 겨울을 납니다.

그 독특한 모습이란 줄기를 뻗지 않고 뿌리 중심에서부터 지면을 기는 형태의 많은 잎을 방사형으로 펼치는 것입니다. 가급적 포개지지 않도록 잎이 나기 때문에 장미 꽃잎처럼 서로 엇갈려 겹쳐 있습니다. 이 모습을 장미(rose)꽃에 비유하여 「로제트(rosette)」라고 부릅니다.

가을에 발아한 봄망초, 개망초, 양미역취 등의 잡초는 겨울에 로제트 형태로 땅을 기듯이 잎을 전개합니다. 추위와 건조는 지면에서 높아질수록 심해지고, 지면 가까이에서는 누그러집니다. 그래서 로제트 형태를 취하면 지면 가까이에서 추위와 건조를 견딜 수 있습니다. 또한 잎이 지면에 찰싹 붙어 있으면 차가운 바람의 영향을 그다지 받지 않습니다.

그뿐만 아니라 잎을 크게 펼치고 있기 때문에 빛을 충분히 받게 됩니다. 겨울의 지표면에는 다른 식물의 잎이 적으니 빛을 놓고 경쟁할 필요도 거의 없습니다. 게다가 자신의 잎은 겹치지 않도록 방사형으로 펼치고 있으므로, 쾌청한 겨울날의 포근한 태양 빛을 낭비 없이 가득 받을 수 있습니다. 그 빛으로 광합성을 하여 양분을 만드는 것입니다.

그리고 무엇보다 이 상태로 겨울을 나면 따뜻한 봄이 되고 나서 발아하는 식물들보다 먼저 성장을 시작할 수 있습니다. 날이 풀리자마자 바로 줄기를 높이 뻗어 다른 종의 식물을 자신의 그림자에 넣어버리는 것입니다. 그늘 속에 들어간 식물들의 성장을 방해할 수는 있어도, 그 반대로 자신들이 다른 종의 식물에게 빛을 가로막히는 일은 있기 힘듭니다.

즉 겨울을 로제트 형태로 나는 것은 봄의 성장에 대비하여 장소를 확보하는 의미도 있습니다. 봄이 되어 날씨가 풀리면 로제트로 겨울을 난 봄망초와 개망초는 재빨리 줄기를 뻗어 이른 봄에 꽃을 피웁니다. 또한 역시 겨울을 로제트로 난 양미역취 등은 다른 식물의 성장을 억제하고 태양 빛을 받아 자라기 시작하며 가을까지 성장을 계속합니다.

추운 겨울이 닥치기 전에 일부러 발아하고 겨울의 추위 속에서 잎을 전개하여 로제트로 겨울을 나는 것에 이렇게나 큰 효능이 있는 것입니다. 「그렇구나」 하고 납득하면서 지면에 잎을 펼치고 있는 식물들을 보면, 벚꽃놀이 철에 벚꽃 명소 여기저기 깔려 있는 파란 돗자리의 이미지가 연상됩니다. 그것은 벚꽃놀이 연회를 위한 「자리 잡기」입니다. 겨울에 로제트 형태로 잎을 벌리고 있는 모습이 봄부터 시작될 성장에 대비한 「자리 잡기」처럼 보이는 것입니다.

민들레와 질경이는 겨울뿐만 아니라 1년 내내 로제트 형태로 지냅니다. 「이 모습으로 일생을 보내는 것에 어떤 의미가 있을까」 궁금합니다. 잎을 벌린 면적은 작지만 그것이 이 식물들의 영역입니다.

그 영역 안의 지면에는 잎에 가려져 빛이 닿지 않습니다. 따라서 다른 식물이 자랄 수 없기 때문에, 키가 작아도 꽃이 피면 눈에 띕니다. 잎은 지면 가까이에만 있으므로 꽃줄기를 뻗으면 꽃이 더욱 두드러집니다.

민들레꽃이 눈에 잘 띄는 것은 선명한 황금색 덕분이기도 하지만, 꽃을 받치는 꽃줄기가 잎의 위치보다 쑥 올라와 있는 것도 하나의 비결입니다. 로제트 상태로 꽃줄기를 뻗는 식물들은 벌과 나비에게 「여기 꽃이 피어 있어」라고 어필할 수 있습니다.

또한 잎만 지표면에 전개하는 민들레나 질경이는 눈을 가진 줄기를 찾기가 힘듭니다. 이러한 식물들이 잎을 만들어내는 눈은 지표면과 비슷한 높이에 있기 때문입니다. 그러니 동물이 이들의 눈을 먹기란 어려운 일일 것입니다.

잎은 먹혀도 눈은 동물에게 먹히지 않고 남습니다. 그리고 남은 눈에서는 잎이 다시 돋아납니다. 이와 같이 동물에게 전부 먹히지 않도록 저항하여 눈을 지키는 것이 로제트 상태로 생애를 보내는 또 한 가지 의의입니다.

우리는 이러한 종의 잡초를 뽑을 때 가능하면 뿌리부터 뽑으려 합니다. 그것은 눈이 뿌리 근처에 있어, 잎만 잡아 뜯거나 제거해봐야 금세 또 잎이 우거진다는 사실을 알고 있기 때문입니다.

어쩌면 로제트는 인간에게 성가신 취급을 받는 데 항거하는 동시에 자신들의 몸을 지키며 꿋꿋하게 살아가는 모습인지도 모릅니다.

(3) 교묘한 방식으로 살아가다

"대단한" 생존법을 가진 식물

놀라운 방식으로 사는 식물이 있습니다. 그 방식에서 유래한 엄청난 이름이 붙어 있어 여기에 소개합니다. 「교살자 무화과나무」라는 식물로, 동남아시아와 오스트레일리아의 열대·아열대 지역에 생식하는 덩굴성 나무입니다.

이 나무는 무화과나무의 일종이며, 그 열매는 새나 박쥐에게 먹힙니다. 그리고 열매 안의 씨앗이 배설물과 함께 흩뿌려지는데, 그렇게 뿌려진 씨앗이 지상에 떨어지지 않을 때가 있습니다. 이런 일은 초목이 무성한 열대림 등에서 자주 일어납니다.

씨앗은 가지나 줄기의 갈라진 틈새로 들어가 거기서 발아하고 뿌리도 성장합니다. 뿌리 주위에 있는 나뭇잎 부스러기 등으로부터 양분을 흡수하는 것입니다. 열대림처럼 초목이 번성하고 있으면 건조하지도 않습니다.

그래도 역시 양분과 물이 충분하지는 않기 때문에, 뿌리는 빠르게 성장하지 못합니다. 그래서 물과 양분을 많이 흡수하기 위해 뿌리는 여러 갈래로 갈라져 나가며, 각각의 뿌리가 나무에 매달리듯 감겨 붙은 채 지면을 향해 아래로 자라납니다.

뿌리 끝이 지면에 도달하면 땅으로부터 양분과 물을 흡수합니다. 그에 따라 뿌리가 굵어지고 식물의 성장은 급속히 빨라집니다. 그리고 뿌리에서 양분과 물을 공급받은 덩굴은 가지와 줄기를 휘감고 더 높이 뻗어가게 됩니다.

우거진 잎이 태양 빛을 받아 광합성을 할 테니, 이 식물은 점점 더 건강하게 성장할 수 있습니다. 덩굴이 줄기 위까지 도착하면 더 이상 빛을 가로막을 것도 없어집니다. 따라서 위로 뻗어갈 필요가 없어진 이 식물은 잎을 한층 더 무성하게 만들고 꽃을 피우며 열매를 맺습니다.

반면 뿌리에 휘감긴 나무는 비참한 상황입니다. 처음에는 가는 뿌리가 엉겨 붙은 것에 불과했습니다. 그러나 그것이 여러 갈래로 갈라져 뿌리 끝이 지면에 닿으면 물과 양분을 흡수하므로, 가늘었던 뿌리가 굵어지기 시작합니다. 굵어진 뿌리에 휘감긴 나무의 줄기는 목이 졸린 듯한 상태가 됩니다.

줄기 위쪽 가지에 달린 잎은 얽힌 덩굴이 그 위에까지 뻗어 잎을 펼치는 탓에 그늘이 져 광합성을 충분히 할 수 없습니다. 게다가 자신의 뿌리 주위로는 줄기에 감겨 붙어 내려온 뿌리들이 무성하게 퍼지기 시작합니다.

한편 덩굴 끝부분에 달린 잎은 빛이 닿는 부분까지 도달하여 번성하고 광합성도 충분히 합니다. 덕분에 뿌리가 널리 퍼지기 위한 영양을 계속해서 보낼 수 있는 것입니다. 그 영양을 사용하여 덩굴의 뿌리가 더욱 성장하는 데 반해, 덩굴에 휘감긴 나무에서는 잎이 햇볕을 받지 못해 광합성을 제대로 할 수 없습니다. 그래서 뿌리에는 충분한 영양이 전해지지 않고, 결과적으로 뿌리도 힘을 잃고 맙니다.

또한 줄기에 얽힌 뿌리는 줄기를 조르며 더욱 커집니다. 그러니 뿌리에 휘감겨 있는 줄기는 더 이상 성장하지도 못합니다. 이처럼 잎에서도 뿌리에서도 성장하기 위한 양분을 얻을 수 없어, 결국 나무는 말라 죽는 것입니다.

굵은 뿌리가 줄기에 감겨 붙은 상태로 나무는 말라 죽어갑니다. 이윽고 줄기가 썩어 모습을 감추는 경우조차 있습니다. 그 모습은 마치 덩굴성 수목이 나무를 목 졸라 죽인 듯한 인상을 줍니다. 「교살자 무화과나무」라는 무서운 이름이 붙게 된 까닭입니다.

「육식계 식물」이란?

우리 이웃에서도 놀라운 방식으로 살아가는 식물들을 관찰할 수 있습니다. 바로 식충식물(食虫植物)입니다. 식충식물은 글자 그대로 벌레를 먹는 식물을 말합니다. 곤충이나 그 밖의 작은 동물을 잡아 소화시켜 영양을 흡수하는 식물입니다.

식물이 벌레를 포식하며 사는 것은 흔치 않으므로, 여름방학 같은 시기에는 각지의 식물원에서 식충식물전 등의 행사가 개최됩니다. 민첩하게 잎을 닫는 「파리지옥」은 많은 사람의 흥미를 끄는 인기인입니다. 이 식물은 「파리 잡는 풀」로서 원예점 등에서 팔리기도 합니다.

여기 「파리지옥이 벌레를 잡는 것은 어떤 도움이 될까?」라는 소박한 질문이 있습니다. 그 답은 잎에 붙잡힌 벌레를 관찰해보면 알게 됩니다. 파리지옥은 붙잡은 벌레로부터 양분을 흡수하기 위해 단백질을 분해하는 소화효소 등의 액을 분비하여 벌레를 소화시킵니다. 우리 인간이 고기나 생선을 먹고 그것을 소화시켜 영양을 흡수하는 것과 똑같습니다.

「벌레를 잡고 그것을 먹어 양분으로 삼는다」고 하면 파리지옥이 너무나 동물 같은 삶을 사는 듯한 인상을 줍니다. 하지만 그렇지는 않습니다. 이 식물도 보통 식물처럼 클로로필이라는 녹색 색소를 가지고 있습니다. 클로로필은 엽록소(葉綠素)라고도 하는데 글자 그대로 잎의 녹색을 내는 바탕이 되고 광합성을 위한 빛을 흡수하는 색소입니다. 그러므로 이 식물은 광합성을 하며, 이를 위해 볕이 잘 드는 장소를 선호합니다.

파리지옥 (촬영 · 나카무라 히로시(中村宏))

파리지옥은 충분한 빛과 물이 있으면 광합성을 하는 것입니다. 따라서 광합성으로 만들 수 있는 포도당이나 녹말을 원하지는 않습니다. 파리지옥이 원하는 것은 단백질 등의 질소를 함유한 물질입니다. 우리는 이러한 물질을 주로 고기나 생선으로부터 얻습니다. 마찬가지로 파리지옥도 벌레를 소화시켜 질소를 함유한 물질을 흡수하는 것입니다.

일반적인 식물은 질소를 함유한 양분을 땅 속에서 흡수합니다. 그렇다면 「왜 파리지옥은 뿌리로부터 질소를 함유한 양분을 흡수하지 않는가」 하는 의문이 떠오릅니다. 파리지옥은 북아메리카 출신으로, 원산지의 토지는 질소 등의 양분을 그다지 함유하지 않는 메마른 토지였습니다. 그래서 뿌리로는 이러한 양분을 흡수할 수 없었던 것입니다. 그 대신 이러한 양분을 보충하기 위해 벌레의 몸에서 질소를 함유한 물질을 섭취하는 능력을 익히게 되었습니다.

「그런 방식을 취하면서까지 그렇게 척박한 토지에서 살아가는 이점이 있는가」 하는 의문도 들 것입니다. 일반적인 식물은 양분이 부족해 그런 토지에서는 살지 못합니다. 그러니 이런 능력이 있다면 다른 식물들에게 방해받지 않고 경쟁할 필요도 없이 메마른 토지에서 살아갈 수 있습니다.

파리지옥이 벌레를 잡는 방식은 무척 교묘합니다. 벌레를 잡는 이 식물의 잎은 입을 벌린 조개처럼 서로 마주 보고 있습니다. 그리고 두 장의 잎 주위에는 가시가 잔뜩 나 있습니다.

이 모습은 「여신의 눈」에 비유됩니다. 잎의 형태는 커다란 눈이고 가시가 그 둘레에 있는 속눈썹이 되는 것입니다. 그래서 이 식물의 영어명은 「여신의 파리 잡는 덫」이라는 의미를 갖는 「비너스 플라이 트랩」입니다.

이 잎은 매우 민첩하게 움직이며, 잎 안에는 세 개의 감각모(感覚毛)가 있습니다. 파리 등의 벌레가 이 감각모에 닿으면 두 장의 잎이 딱 맞물리듯이 재빨리 닫혀 잎과 잎 사이에 벌레를 가둬버립니다.

그런데 감각모에 한 번 닿는 것만으로 잎은 닫히지 않습니다. 20~30초 사이에 연속해서 두 번 닿았을 때만 잎이 닫히도록 되어 있는 것입니다. 이는 바람에 날려 온 티끌 등이 닿았을 때 쓸데없이 잎이 닫히지 않도록 하기 위해서입니다.

잎을 닫는다는 것은 파리지옥에게 에너지를 소모하는 일입니다. 그러니 무분별하게 닫지 않습니다. 파리지옥을 키우면서 재미있다고 몇 번이고 손을 대면 잎은 시들고 말 것입니다. 식물 자체가 죽어버리는 경우도 있습니다.

파리지옥은 자연 속의 양분이 풍족하지 않은 토지에서 태어났기에 이러한 구조를 발달시켜 어쩔 수 없이 이 방법으로 살아가게 된 불쌍한 식물입니다. 흥미 본위로 공연히 잎을 닫게 하지 마세요.

파리지옥 이외에도 유명한 식충식물이 몇 가지 더 있습니다. 벌레를 잡는 방법도 식물에 따라 다양합니다. 벌레잡이풀은 잎이 변형된 항아리 모양 포충낭(捕蟲囊)을 늘어뜨리고 있는 덩굴성 식물입니다. 그리고 끈끈이주걱은 잎에 점액을 분비하는 끈적끈적한 털이 나 있어 벌레가 앉으면 붙잡습니다. 또한 통발의 잎은 「포충엽」이라고 하는데 주머니 입구를 털로 감추고 있다가 거기로 들어온 벌레를 포획합니다. 벌레잡이제비꽃은 잎 표면에서 점액을 분비하여 그곳에 내려앉는 벌레를 잡습니다.

「끈끈이대나물」이라는 이름만 들어도 어엿한 식충식물 같은 식물이 있습니다. 그런데 이 식물은 식충식물이 아닙니다. 끈끈이대나물은 석죽과의 식물로 아가씨풀을 의미하는 「고마치소(小町草)」라는 귀여운 별명을 가지고 있습니다.

이 식물은 줄기의 잎이 나오는 아랫부분에서 끈적끈적한 점액이 분비됩니다. 그래서 벌레가 달라붙을 때가 있습니다. 거기에서 「끈끈이」라는 이름이 붙은 것입니다. 그래도 식충식물이 아니기 때문에 벌레를 소화시키지는 않습니다. 「그렇다면 왜 점액이 나오는 것일까」 궁금해지는데 「개미가 줄기를 타고 올라와 꽃의 꿀을 빼앗지 못하도록 방해하는 것」이라고 합니다.

「뿌리도 잎도 없는 식물」의 "대단함"

아무런 근거도 없음을 나타내는 「뿌리도 잎도 없다」라는 표현이 있습니다. 「성장의 근본이 되는 뿌리가 없으면 그 성장의 결과 자라게 될 잎도 없다」라는 의미로서, 이와 같이 「뿌리도 잎도 없는」 식물이란 본래 존재하지 않는다고 보는 것이 타당합니다. 그런데 실제로는 뿌리도 잎도 없는 식물이 존재합니다.

새삼이라는 식물이 있습니다. 메꽃과의 덩굴성 식물로 뿌리가 없고 잎은 거의 퇴화했습니다. 그래서 다른 식물의 줄기를 감고 달라붙으며, 흡착된 돌기가 그 식물로부터 양분을 빼앗습니다. 이처럼 다른 식물의 몸에 매달려 양분을 빼앗아 살아가는 식물을 「기생식물(寄生植物)」이라 부릅니다. 기생식물인 새삼은 빼앗은 양분으로 성장하

새삼. (좌) 뿌리가 없고 잎이 거의 퇴화했지만 꽃은 핍니다. (우) 덩굴은 감겨 붙을 만한 것을 찾아가며 뻗습니다. (촬영 · 다나카 오사무)

여 작고 예쁜 꽃을 피웁니다. 또한 씨앗도 만듭니다.

양분을 빼앗기는 쪽을 「숙주(宿主)」라고 합니다. 숙주는 양분을 빼앗기지만 대부분의 경우 그 때문에 시들지는 않습니다. 기생식물은 숙주가 시들 정도로 양분을 빼앗으면 자신도 살아갈 수 없다는 사실을 알고 있어 양분을 모조리 빼앗지는 않기 때문입니다. 기생식물은 스스로의 생존방식을 잘 이해하고 이렇듯 분별 있게 행동하는 것입니다.

포도과 식물에 기생하는 「라플레시아」라는 식물이 있습니다. 이 식물이 성장하기 위한 모든 양분은 기생당한 식물이 공급합니다. 그런 라플레시아는 뿌리도 잎도 없는 기묘한 식물입니다. 줄기도 찾아볼 수 없습니다.

그럼에도 이 식물은 커다란 꽃을 피웁니다. 그 크기가 지름 1미터에 달하는 경우도 있어 「세계 최대의 꽃」이라 일컬어집니다. 「기생식물인데 왜 이렇게 큰 꽃을 피울까」 하는 의문이 떠오릅니다.

라플레시아 꽃 (촬영·기시 간지(岸勘治))

숙주인 식물로부터 한정된 양분밖에 빼앗지 못하는 라플레시아에게는 아이(씨앗)를 남기는 데 두 가지 선택지가 있었을 것입니다. 하나는 작은 꽃을 잇달아 많이 피워 각각의 꽃에서 조금씩 씨앗을 만드는 방법입니다. 반대로 숫자는 적은 대신 큰 꽃을 피우고 그 꽃 안에서 한꺼번에 많은 씨앗을 만드는 방법도 있습니다.

작은 꽃이 잇달아 피기 위해서는 오랜 기간이 필요합니다. 숙주와 자신 모두 오랫동안 살아야 할 필요가 있는 것입니다. 그러나 자연 속에서 둘 다 살아남을 것이라는 보장은 없습니다. 그래서 꽃을 피울 기회가 오면 한정된 양분을 단번에 사용하여 커다란 꽃을 피우는 방법을 선택한 것이라 할 수 있습니다.

게다가 이 식물은 수꽃과 암꽃이 서로 다른 포기에 핍니다. 그러므로 자신의 암꽃에 다른 포기에서 핀 꽃의 꽃가루가 묻어 씨앗이 생기고, 그 결과 씨앗은 자신의 성질과 다른 포기의 성질이 섞인 여러 가지 성질을 갖게 됩니다. 여러 가지 성질을 가진 씨앗은 다양한 환경에서 살아갈 수 있습니다.

그런 씨앗을 만들기 위해서는 벌레가 다른 포기에 피는 꽃의 꽃가루를 옮겨다주어야 합니다. 때문에 라플레시아는 가급적 눈에 띄는 향을 내뿜어 벌레를 불러들일 필요가 있습니다. 그래서인지 이 꽃의 향은 무척 인상적입니다.

그 향이란 「썩은 고기의 냄새」로 우리 인간에게는 지독한 악취로 느껴집니다. 이는 수분(受粉)의 매개가 되는 파리를 유인하기 위한 냄새라고 할 수 있습니다. 그러니 파리들에게는 매력적인 향기일 것입니다.

가지각색의 「세계 제일」을 등재하는 기네스북을 기준으로 「세계에서 가장 큰 꽃」을 피우는 식물은 아모르포팔루스 티타눔입니다. 이 꽃의 지름은 무려 1.5미터에 달합니다. 이 식물은 몇 년 전 일본에서도 도쿄대학 식물원에서 개화하여 화제가 되었습니다.

다만 이 꽃은 작은 꽃의 무리를 커다란 포(苞, 꽃대나 꽃자루를 받치는 녹색 비늘 모양의

아모르포팔루스 티타눔(영어명 타이탄 아룸) 꽃 (제공 · 도쿄대학 대학원 이학계연구과 부속식물원)

잎-역자 주)로 감싼 것이며 하나의 꽃이 아닙니다. 따라서 독립한 꽃 중에서는 라플레시아 꽃이 「세계에서 가장 큰 꽃」으로 여겨집니다.

땅콩의 "대단하고" 슬기로운 생존법

땅콩은 남아메리카 원산이지만 일본에는 18세기 초 중국을 통해 전파되었습니다. 그래서 중국에서 도래한 것을 의미하는 「남경(南京)」이라는 말을 붙여 「남경두(南京豆, 난킨마메)」라고도 부릅니다. 우리에게 친근한 음식인데도 그 정체는 의외로 알려져 있지 않습니다.

「땅콩은 나무에 매달려 열린다」고 생각하는 사람도 적잖이 있습니다. 땅콩의 영어명인 피넛의 「피」는 「콩」이나 「콩알만 한 크기의」라는 의미입니다. 그리고 「넛」은 본래 「나무가 되는 열매」에 주어지는 단어입니다. 그래서 땅콩을 「나무가 되는 콩 같은 열매」라고 생각하는지도 모릅니다.

「땅콩이 "낙화생"이라는 것을 아세요?」라고 젊은이에게 질문하면 「땅콩과 낙화생이 같은 것」이라는 사실을 모르는 사람도 적지 않습니다.

「낙화생은 땅콩을 이르는 말」이라고 아는 사람이라도 「어떤 한자를 쓰는지 알고 있나요?」라고 물으면 「낙화생에 한자가 있어요?」라며 미심쩍어하기도 합니다. 낙화생이라는 이름을 알고 있어도 「落花生(낙화생)」이라고 쓸 수 있는 사람은 얼마 되지 않는 것입니다.

하물며 그 한자를 알고 있는 사람 중 「왜 그런 한자를 쓸까요?」라는 질문에 대답할 수 있는 사람은 더더욱 적습니다. 땅콩을 실제로 재배한 경험이 있는 젊은이는 소수이기 때문입니다.

낙화생은 꽃이 피면 꽃을 받치고 있던 자루가 길어지면서 암술 밑에 있는 씨방 부분이 흙으로 들어가 거기서 열매를 맺습니다. 따라서 『낙화생』은 꽃이 떨어진 곳에 태어나는 열매라는 의미에서 『낙화생(落花生)』이라 적는 것입니다」라고 설명할 수 있습니다.

그러면 이번에는 「왜 땅 속에서 열매를 맺나요?」 하는 질문이 돌아옵니다. 「땅 속이라면 벌레나 새 등 동물에게 쉽게 먹히지 않아 몸을 지키는 데 효율적이기 때문입니다」라고 답해주어야 비로소 납득하게 됩니다.

땅콩의 특징 중 하나는 그 까슬까슬한 껍질입니다. 「왜 그러한 껍질에 싸여 있는 것일까」 의문이 생깁니다. 그런데 그 껍질에는 땅콩이 살아가기 위한 중요한 의미가 있습니다. 땅콩의 원산지는 남아메리카 브라질 주변입니다. 본래 그 주변의 모래밭에 살고 있던 것입니다. 그래서 「땅콩은 모래땅을 좋아한다」고 합니다.

그러나 큰비가 내려 물이 불어나면 그때마다 강변의 땅콩은 쉽게 떠내려갑니다. 일반적인 식물이라면 물이 불어 뿌리째 떠내려가는 것은 엄청난 재난입니다. 다만 땅콩에게는 그때가 기회라고 할 수 있습니다. 땅 속에 만들어두었던 열매(씨앗)가 든 꼬투리는 물에 휩쓸려 모조리 떠내려갑니다.

이 꼬투리는 까슬까슬하여 물에 뜹니다. 그렇게 물에 떠내려감으로써 씨앗이 이동하며, 도착하는 곳도 또한 강가의 모래밭입니다. 그곳이 새로운 생육지가 되는 것입니다.

땅콩은 꽃이 핀 뒤 영양이 듬뿍 든 맛있는 열매를 동물에게 먹히지 않도록 땅 속에서 열매를 맺습니다. 그런 식으로 자손을 만들면 동물에게 먹히지 않으므로 씨앗이 멀리 뿌려질 가능성이 거의 없습니다. 그러니 생육지를 이동하거나 넓힐 기회가 적어지고 맙니다. 그래서 땅콩은 까슬까슬한 껍질을 몸에 지녀 새로운 생육지로 이동할 수단으로 활용하는 것입니다.

땅콩에는 다량의 지방이 함유되어 있습니다. 그렇게 저장된 지방분은 발아할 때 양분이 됩니다. 또한 땅콩에는 비타민 E가 많이 함유됩니다. 함유된 비타민 E는 발아 후 내리쬐는 자외선과 태양의 강한 빛에 의해 발생하는 활성산소를 제거하는 기능을 합니다. 자연 속을 살아가기 위해 정말 빈틈없는 장치를 갖추고 있는 것입니다. "대단하다"고 말하지 않을 수 없습니다.

땅콩을 먹을 때 이런 식으로 몸을 지키고 생육지를 넓히며 꿋꿋이 자연 속을 살아왔다는 사실을 떠올려보세요. 땅콩에서 지금까지 이상으로 깊은 풍미가 느껴질 것입니다.

제7장

다음 세대로 생명을 잇는 방식

(1) 씨앗 없는 나무라도 아이를 만든다

씨앗이 없어도 커지는 "대단함"

과실이라는 것은 본래 씨앗이 없으면 커지지 않습니다. 식물 입장에서 보면 일부러 에너지를 사용하여 맛있는 열매를 만드는 의의는 「동물에게 먹혀 그 과실을 먹을 때 함께 체내에 들어간 씨앗을 배설물과 함께 멀리 떨어진 곳에 배출하는 것」입니다.

아니면 동물이 열매를 먹을 때 씨앗이 사방으로 튈 수도 있습니다. 동물이 열매를 물고 이동하여 다른 장소에서 먹어준다면 씨앗은 떨어진 장소에 흩뿌려지게 됩니다. 그러면 스스로 움직일 수 없는 식물이라도 생육지를 넓히거나 옮기는 것이 가능합니다.

따라서 동물에게 열매를 먹힐 때 씨앗이 없다면 열매를 만드는 의미가 없습니다. 씨앗이 없으면 맛있는 열매가 맺히지도 않습니다. 그 사실을 딸기로 쉽게 확인할 수 있습니다.

딸기 열매의 표면에는 많은 알갱이가 있습니다. 「딸기는 알갱이가 많을수록 열매가 커진다」고 합니다. 이것의 의미를 알아보기 위해 딸기 꽃이 핀 뒤 딸기 열매가 커지기 시작하기 전에 표면의 알갱이를 핀셋으로 전부 제거합니다.

표면에 있는 알갱이가 씨앗 그 자체는 아니지만 씨앗에 해당하는 것이 들어 있습니다. 그러니 씨앗을 제거하고자 한다면 「알갱이를 제거하면 된다」고 생각해도 지장은 없습니다. 알갱이를 핀셋으로 전부 집어내면 딸기 열매는 커지지 않습니다.

시험 삼아 딸기 열매가 커지기 전에 열매 위쪽 반의 알갱이를 남기고, 아래쪽 반의 알갱이를 전부 제거하면 위쪽만 커진 열매가 만들어집니다. 이러한 결과들은 「열매가 커지기 위해서는 씨앗이 필요하다」라는 사실을 증명하고 있습니다.

그렇다면 왜 씨앗이 없으면 열매는 커지지 않는 것일까요. 사실 씨앗으로부터 딸기 열매를 크게 성장시키는 물질이 나오기 때문입니다. 이 물질에 의해 우리가 먹는 부분이 성장하여 커다란 딸기 열매가 됩니다. 딸기 열매를 크게 키우는 것은 씨앗에서 나오는 「옥신」이라는 물질입니다.

딸기의 알갱이 속에는 씨앗이 있으며, 그 씨앗에서 옥신이 나와 딸기 열매를 크게 성장시키는 것입니다. 다만 그렇다고 「옥신」이라는 물질명이 「크게 성장시키는」 기능에서 유래한 것은 아니고, 둘 사이에는 아무런 관계도 없습니다.

딸기 (일러스트 · 호시노 요시코)

이 옥신의 기능을 확인하는 실험은 간단히 할 수 있습니다. 모든 알갱이를 제거하여 커질 수 없게 된 딸기에 옥신을 주입하면 됩니다. 이 실험을 통해 옥신을 주입하면 틀림없이 딸기가 크게 커질 것입니다.

씨앗이라고 하면 흔히 발아하여 성장하는 기능에 주목합니다. 그러나 딸기의 씨앗 속에서는 열매를 크게 성장시키는 물질을 만들고 있습니다. 조그만 씨앗이 그렇게 맛있는 딸기 열매를 크게 만들어주는 것이니 그 작용이 정말 대단하다는 생각이 절로 듭니다.

옥신은 딸기뿐만 아니라 토마토 열매도 성장시킵니다. 토마토는 남아메리카 안데스 산맥에서 멕시코에 걸친 지역이 원산지로, 더위에 강하고 추위에 약한 식물입니다. 때문에 예전에는 토마토를 여름에만 먹을 수 있었습니다. 하지만 최근에는 슈퍼마켓 등에서 1년 내내 판매하고 있습니다.

여름이 제철인 토마토가 겨울에 판매되고 있어도 낯익은 풍경이기에 이상하다는 생각은 들지 않습니다. 「토마토가 어떻게 겨울에 열리는 것일까요?」라고 물으면 「따뜻한 온실에서 재배되니까」라는 대답이 돌아옵니다.

따뜻한 온실에서 재배되는 것은 사실이니 그 대답이 틀린 것은 아닙니다. 그러나 「따뜻한 온실에서 재배되니까」라는 것만으로는 무언가 부족합니다. 왜냐하면 겨울에 따뜻한 온실에서 재배한다고 해서 토마토는 알아서 열매 맺지 않기 때문입니다.

토마토가 열리기 위해서는 온실 안에서 꽃을 피워야 합니다. 대부분의 식물이 꽃을 피우는 데는 계절에 따라 변화하는 낮과 밤의 길이가 중요합니다. 따라서 계절에 맞지 않는 꽃을 피우려면 낮과 밤의 길이를 조절해줄 필요가 있습니다.

예를 들어 국화꽃을 1년 내내 시장에 공급하기 위하여 온실에 전등 조명을 달아 낮과 밤의 길이를 조절하는 「전조재배(電照栽培)」가 이루어집니다. 또한 포인세티아 꽃을 크리스마스까지 피우고 꽃잎처럼 보이는 포를 물들이기 위해서는 여름 무렵부터 오랜 기간 밤을 길게 만드는 처리를 계속해야 합니다.

그러므로 본래는 따뜻한 온실에서 재배한다고 해서 1년 내내 토마토가 꽃을 피운다고는 할 수 없습니다. 그런데 다행히도 토마토는 계절에 따라 변화하는 낮과 밤의 길이에 반응하여 꽃을 피우는 식물은 아닙니다.

토마토는 많은 식물과는 달리 일정한 크기로 성장하면 낮과 밤의 길이에 관계없이 꽃을 피우는 식물입니다. 그래서 전조재배를 하지 않아도 모종을 따뜻한 온실에서 성장시키기만 하면 꽃이 핍니다.

「따뜻한 온실에서 재배되니까」라는 대답에는 아직 부족한 것이 있습니다.

꽃이 피었다고 해서 토마토 열매는 열리지 않는 것입니다. 열매를 맺기 위해서는 벌이나 나비가 꽃가루를 암술에 옮겨주어야 합니다. 그런데 일반적으로 겨울의 온실 안에는 벌이나 나비가 없습니다. 인간이 꽃가루를 묻혀주는 인공수분을 하면 되지만, 거기에는 엄청난 수고가 필요합니다.

그래서 토마토 온실에는 서양뒤영벌이라는 벌을 인위적으로 풀어놓습니다. 이 벌은 꿀벌과 비교하여 낮은 온도에서도 활동이 활발하여 꽃가루를 묻히고 돌아다니는 능력이 뛰어납니다. 그러므로 토마토 열매를 맺게 하는 데 도움이 됩니다.

다만 「서양」이라는 말이 이름에 붙은 것에서 알 수 있듯이 유럽 원산의 외래종 벌입니다. 때문에 온실에서 도망치면 일본의 생태계를 교란시킬 것이라 염려되어 「특정외래생물」에 지정된 상태이며 취급에는 주의가 필요합니다. 토마토가 재배되는 비닐하우스에는 이 벌이 밖으로 도망치지 못하도록 만전의 대책을 세울 의무가 부과되어 있습니다. 그 탓에 서양뒤영벌을 이용하기란 어렵습니다.

온실재배로 토마토 열매를 맺게 하는 또 한 가지 방법은 「옥신」을 이용하는 것입니다. 딸기 열매를 크게 키우는 작용을 하는 옥신을 꽃에 뿌리면 꽃가루가 없어도 열매가 커집니다. 옥신은 딸기뿐만 아니라 토마토 열매도 크게 성장시키는 작용을 하는 것입니다.

단 옥신으로 열매를 성장시키면 꽃가루가 암술에 묻어 열매를 맺는 것이 아니기 때문에 열매가 커져도 씨앗은 생기지 않습니다. 덕분에 제철이 아닌 토마토 중에는 「씨 없는」 토마토가 있습니다. 그것은 서양뒤영벌을 이용하지 않고 옥신으로 성장시킨 토마토입니다. 토마토의 경우 씨가 있어도 먹는 데 방해되지 않으므로, 옥신으로 성장시킨 「씨 없는」 토마토라고 눈치채지 못할 때가 많습니다.

이렇게 소개하다 보니 옥신이라는 물질의 대단함만 부각된 것 같습니다. 하지만 정말 대단한 것은 그 물질을 만들어내 토마토 열매를 성장시키고 있는 토마토의 씨앗입니다. 있는지 없는지 의식조차 하지 못하는 씨앗이 토마토 열매를 크게 키운다는 대단한 작용을 하고 있는 것입니다.

온주귤은 아이를 만든다

일반적으로 딸기나 토마토와 마찬가지로 씨앗이 없으면 열매는 크게 자라지 못합니다. 그런데 실제로는 씨 없는 과일이 우리 주변에 여러 가지 있습니다. 대표적인 것 중에 하나가 「귤」입니다. 우리가 「귤」이라고 하면 보통 「온주귤(温州橘)」을 가리키는데, 그만큼 일본인에게 사랑받는 품종이라고 할 수 있습니다.

귤은 씨가 없는 데다 껍질을 간단히 벗길 수 있어 과일 중에서도 먹기 쉬운 편입니다. 최근 캐나다와 미국에서도 「TV를 보면서 먹을 수 있다」는 의미로 「TV 프루트」나 「TV 오렌지」라 불리며 인기를 얻고 있습니다.

계절적으로 이 귤의 제철은 크리스마스 시기이므로 「크리스마스 오렌지」라고 부르기도 합니다. 캐나다와 미국에 수출되는 골판지 상자에는 「MIKAN」이라고 적혀 있는 등 일본어명 「미칸」이 국제어가 되어가는 추세입니다.

「온주귤」이라는 이름을 들으면 「중국 원저우(温州)에서 온 귤」 혹은 「중국 원저우 원산인 귤」이라는 인상을 받습니다. 하지만 그렇지 않습니다. 중국의 귤 집산지로 유명한 원저우에서 따온 이름은 맞지만, 온주귤은 엄연한 일본 원산입니다. 이 귤은 「사쓰마(薩摩) 오렌지」라는 이름을 가지고 있는데, 이는 일본의 사쓰마(지금의 가고시마 현) 출신이라는 점에서 유래한 이름입니다.

온주귤의 조상은 에도 시대 초기에 중국에서 건너왔습니다. 그리고 그때의 귤에는 씨앗이 있었습니다. 그런데 약 400년 전인 에도 시대 전기, 당시의 사쓰마에서 재배되던 이 귤에 돌연변이가 일어나

「온주귤」이 탄생하게 된 것입니다.

「수술의 꽃밥이 시들면서 꽃가루를 암술에 옮겨 씨앗을 만드는 능력을 상실하는」 성질과 「씨앗이 생기지 않아도 씨방이 커지는」 성질을 겸비한 귤이 탄생하였습니다. 씨방이란 귤의 경우 우리가 먹는 부분입니다. 꽃가루가 능력을 상실하고 씨앗이 생기지 않는데도 본래라면 씨앗이 생겨야 할 부분인 암술 밑이 커진 것, 이것이 씨 없는 「온주귤」입니다.

하지만 이 귤이 탄생한 시대는 아이(씨앗)가 없으면 「가문단절」로 대가 끊기는 에도 시대였기 때문에, 「씨 없는」 귤은 꺼려졌습니다. 씨 없는 과일의 매력을 이해하게 되어 이 귤의 편리성과 맛이 제대로 평가받고 인기를 모은 것은 메이지 시대가 되고 나서입니다.

씨 없는 과일에 대해 많은 사람들이 「씨가 없는데 어떻게 번식할까」 궁금해합니다. 이 귤은 우리 인간이 주로 접붙이기로 번식시킵니다. 만약 인간이 접붙이기를 하지 않는다면 온주귤은 멸종될 운명입니다.

그렇다 해도 온주귤은 그리 간단히 자신의 자손이 끊어지게 하지 않습니다. 설령 「온주귤」이라는 품종이 절멸해도 온주귤은 자신이 가지고 있는 유전자를 다음 세대로 이어갑니다.

「씨앗을 만들지 않는 온주귤이 자신의 유전자를 어떤 식으로 이어갈지」 궁금할 것입니다. 하지만 온주귤은 자신들의 생명은 끊어져도 유전자를 다음 세대로 이어가는 "대단함"을 가지고 있습니다.

온주귤은 「씨 없는」 과일이니 씨앗을 만드는 능력이 없을 것이라고 생각하기 쉽습니다. 분명 돌연변이로 꽃가루는 씨앗을 만드는 능력을 잃었습니다. 그러나 암술에는 꽃가루를 받으면 씨앗을 만드는 능력이 있습니다. 따라서 다른 품종의 꽃가루가 암술에 뿌려지면 씨앗은 생깁니다. 온주귤에 때때로 씨앗이 있는 것은 이것이 원인입니다.

「씨 없는」이라고 하면 확실히 아이를 남길 능력이 없는 듯한 인상이 있지만, 대부분의 경우 암술은 씨앗을 만드는 능력을 잃지 않고 있습니다. 암술은 어머니로서 어떻게든 다음 세대로 자신들의 생명을 이어 유전자를 전해가려는 힘을 가진 것입니다. 「어머니가 아이를 남기려는 힘은 강하다!」라고 생각하면 쉽게 이해할 수 있습니다.

실제로 온주귤의 암술은 어머니로서의 강한 마음으로 「기요미(清見, 청견) 오렌지」라는 새로운 감귤류를 탄생시킵니다. 이 감귤류는 1979년 온주귤의 일종인 「미야가와(宮川, 궁천) 조생」을 어머니, 「트로비타오렌지」를 아버지로 하여 탄생하였습니다.

시즈오카 시(静岡市) 시미즈 구(清水区)에 있는 기요미가타(清見潟)에서 태어나, 그 지명에 유래하여 「기요미 오렌지」라는 이름이 붙었는데, 정확하게는 「귤과 오렌지를 교배한 것이므로 『기요미 탄고르』라는 이름이 바르다」고 합니다.

어머니가 된 「미야가와 조생」은 감귤류 구분법에서는 「만다린」이나 「탄제린」으로 구분됩니다. 「탄제린(tangerine)」의 「tang」과 아버지 「트로비타오렌지」 중 「오렌지(orange)」의 「or」로부터 따와 아이인 기요미오렌지는 「tangor(탄고르)」라는 감귤류로 분류되는 것입니다.

기요미 탄고르의 탄생은 씨 없는 온주귤 어머니가 아이를 만든 대단한 힘의 증거라고 할 수 있습니다.

파인애플도 씨앗을 만든다!

파인애플이라는 과일이 있습니다. 그 이름의 유래는 「파인」과 「애플」을 합친 것으로 「파인(pine)」은 「소나무」이고 「애플(apple)」은 「사과」입니다. 파인애플 열매의 모양은 솔방울을 닮았습니다. 그래서 「파인」인 것입니다. 또한 애플(사과)이라는 말은 유럽에서는 맛있고 가치 있는 것에 사용되었습니다.

예를 들어 토마토는 프랑스에서 「사랑의 사과」, 이탈리아에서 「황금의 사과」, 독일에서 「천국의 사과」라고 불렸습니다. 토마토는 영양이 풍부하여 가치가 높기 때문입니다. 그리고 감자는 「대지의 사과」라고 불립니다. 대지 속에서 만들어지는 감자의 식용 부분은 가격이 비싸지는 않지만, 에너지원이 되고 비타민 C를 다량 함유하여 영양적으로 가치 높은 작물이기 때문일 것입니다.

파인애플은 「자가불화합성(自家不和合性)」이라는 성질을 가지고 있습니다. 자신의 꽃가루가 자신의 암술에 묻어도 씨앗이 생기지 않는 성질입니다. 일반적으로는 과수가 이 성질을 가지고 있으면 씨앗이 생길 수 없어 열매가 열리지 않습니다.

그 예로 배와 사과가 있습니다. 배와 사과는 이 성질 탓에 가만히 두면 씨앗도 열매도 생기지 않습니다. 그래서 배밭과 사과밭에서는 일부러 인간이 다른 품종의 꽃가루를 암술에 뿌리는 「인공수분」을 합니다.

그런데 파인애플은 자가불화합성인데도 불구하고 인간이 다른 품종의 꽃가루를 암술에 뿌려주지 않아도 열매가 크게 열립니다. 「씨앗이 생기지 않아도 열매가 커지는」 성질을 가지고 있는 것입니다.

이 성질은 「단위결실(単為結実)」 또는 「단위결과(単為結果)」라고 합니다. 따라서 파인애플은 본래 「씨 없는」 과일입니다.

「파인애플은 본래 『씨 없는』 과일이다」라고 해도 씨앗을 만드는 능력이 없는 것은 아닙니다. 파인애플이 가진 자가불화합성이라는 성질에서는 다른 품종의 꽃가루가 암술에 묻으면 씨앗이 생깁니다.

그러므로 파인애플 열매가 「씨 없는」 상태로 성장하도록 재배하기 위해서는 다른 품종의 꽃가루가 묻지 않게 해야 합니다. 그 방법은 하나의 파인애플밭에 하나의 품종밖에 재배하지 않는 것입니다.

하나의 품종만 재배되고 있으면 벌레가 아무리 밭 안을 날아다니며 꽃가루를 암술에 묻혀도, 파인애플은 자가불화합성이므로 씨앗이 생기지 않습니다. 다만 벌레는 파인애플 재배의 그런 사정에는 아랑곳하지 않습니다.

파인애플의 품종은 일본에서는 그다지 알려지지 않았지만 2,000종 이상 있다고 합니다. 그래서 파인애플 산지에서는 다른 품종의 파인애플이 서로 이웃하여 재배되는 경우도 있습니다.

벌레는 한 품종이 재배되고 있는 파인애플밭을 날아다닌 뒤, 마음 가는 대로 다른 품종이 재배되는 밭에 날아가기도 합니다. 그리고 그 파인애플밭에 있는 꽃의 암술에 다른 밭에서 가져온 다른 품종의 꽃가루를 묻힙니다. 그러면 꽃가루가 묻은 파인애플의 암술에는 씨앗이 생깁니다.

이와 같이 파인애플에 씨앗이 생길 가능성은 있는 것입니다. 다만 실제로 그렇게 많은 벌레들이 많은 꽃가루를 옮겨오는 것은 아니므로, 파인애플은 씨앗을 만들지 않는 「씨 없는 과일」이라 인식되고 있

파인애플 열매 안에 든 씨앗 (촬영 · 미야와키 다쓰야 (宮脇辰也))

습니다.

그러나 파인애플에는 숫자는 적지만 씨앗이 있는 경우가 있습니다. 씨앗은 우리가 먹는 과육 부분에는 없고 과육과 두꺼운 외피 사이쯤에 있어 마음먹고 주의 깊게 찾지 않으면 발견하기 힘듭니다.

파인애플은 잘라서 판매하기도 하는데, 이러한 토막을 조금 신경 써서 관찰해보면 씨앗을 발견할 수 있습니다. 씨앗의 모양과 크기는 팥 알갱이를 한 단계나 두 단계 축소한 느낌이며 색은 갈색입니다. 큰 파인애플 열매 하나를 정성껏 찾아보면 5~7개 정도는 나옵니다.

파인애플에 씨앗이 있다는 사실은 별로 알려지지 않았기 때문에, 우연히 씨앗을 발견하면 벌레 알이 들어 있다고 생각하는 경우도 있습니다. 「보건소에『파인애플 안에 해충 알이 슬었다』고 신고가 들어왔다」는 말을 들은 적이 있습니다.

파인애플 안에서 발견한 씨앗을 꺼내 발아시키면 싹이 납니다. 단이 경우 아버지는 다른 품종입니다. 다른 품종의 꽃가루가 묻지 않으면 씨앗이 생기지 않기 때문입니다. 따라서 그 씨앗에서는 시장에서 사온 파인애플과 완전히 똑같은 맛과 향 등을 가진 열매를 맺는 나무는 자라지 않습니다.

같은 성질을 가진 파인애플이 열리는 나무를 늘리고 싶다면 파인애플 열매 상부의 잎 부분을 잘라내 땅에 심으면 됩니다. 다만 실제로 재배할 때는 열매를 맺을 수 있을 만큼 성장한 나무 밑에서 나오는 어린 포기를 포기나누기하여 늘립니다. 포기나누기 후 2~3년간 재배하면 꽃이 피고 열매를 맺게 됩니다.

파인애플은 언뜻 「씨 없는」 과일로 보입니다. 그러나 자신이 가진 유전자를 다음 세대로 잇기를 포기한 식물은 아닙니다. 암술은 벌레가 옮겨온 다른 품종의 꽃가루를 사용하여 아이를 만드는 능력을 가지고 있습니다. 수술의 꽃가루도 재배되고 있는 밭 안에서는 아이를 만드는 데 도움이 되지 않지만, 다른 품종이 자라는 파인애플밭으로 옮겨지면 자신의 아이를 남길 수 있습니다. 그러니 날아온 벌레들이 들러붙어도 「다른 밭에 데려가주었으면 하는」 마음뿐일 것입니다. 암술도 수술도 자신의 아이를 남길 능력을 제대로 가지고 있는 것입니다.

이처럼 「씨가 없다」고 인식되는 과일들도 다음 세대로 생명을 잇는 작업을 힘껏 계속하고 있습니다. 씨앗이 생기지 않는 경우에도 성장한 나무는 그 밑동에 어린 포기를 키워냅니다. 각자가 다음 세대로 생명을 잇고 자신의 유전자를 전해가는 방법을 확실히 터득하고 있는 것입니다. 다음 세대로 생명을 잇고자 하는 식물들의 마음은 무척이나 강하여, 종을 유지하고 자손의 번영을 기원하는 생명체로서의 천성이 절로 느껴집니다.

한편 「씨 없는 과일」 중 대표적인 것으로 바나나도 있습니다. 옛날에는 바나나에도 씨앗이 있었습니다. 그런데 돌연변이가 일어나 씨앗이 생기지 않게 된 것입니다. 바나나를 가로로 잘라 주의 깊게 관찰해보면 중심부에 작은 검은색 점들이 있습니다. 그것이 씨앗의 흔적입니다.

돌연변이가 일어나기 전에 존재하던 바나나의 씨앗은 상당히 커서 팥 알갱이 정도였습니다. 그것이 바나나 열매마다 가득 들어 있었으며, 지금도 씨 있는 바나나가 남아 있어 오키나와 현 등에서 볼 수 있습니다. 또한 바나나의 원산지인 동남아시아의 필리핀과 말레이시아 현지에서는 씨 있는 바나나를 먹기도 합니다.

돌연변이를 일으켜 씨앗을 잃은 바나나는 먹기 쉬워 편리했으므로, 인간이 소중히 재배하여 씨 없는 과일의 대표로 만들었습니다. 다만 「씨 없는 바나나를 어떻게 번식시킬까」 하는 의문이 있을 것입니다.

씨앗을 만들 능력을 잃은 바나나라도 뿌리에서 새로운 식물체를 길러내는 능력은 가지고 있습니다. 바나나를 기르다 보면 부모 나무의 뿌리 근처에서 새로운 싹이 나오고, 그 싹을 기르면 바나나 열매가 열립니다. 씨 없는 과일의 대표인 바나나도 다음 세대로 생명을 이어간다는 "대단한" 능력을 가지고 있는 것입니다.

(2) 꽃가루는 없어도 아이를 만든다

「무화분 삼나무」라도 씨앗을 만든다
화분증으로 고생하는 사람의 수는 조사마다 차이가 있으나, 적게 잡아도 2,000만 명은 된다고 합니다. 일본의 인구는 약 1억 2,000만 명이므로 6명 중 1명이 시달리고 있다는 말이 됩니다. 많이 잡으면 5,000만 명으로 이 경우에는 2~3명당 1명이 시달린다고 할 수 있습니다.

이처럼 최근 몇 년간 화분증으로 고생하는 사람의 증가와 더불어 「꽃가루를 만들지 않는 삼나무」와 「꽃가루를 날리지 않는 삼나무」를 찾기 위한 노력이 계속되어왔습니다. 그리고 결과적으로 꽃가루를 만들지 않는 무화분 삼나무가 발견되었습니다.

1992년 도야마 시(富山市)내의 신사에서 꽃가루를 만들지 않는 삼나무가 발견된 것입니다. 도야마 현은 이 삼나무에서 채취한 씨앗을 길러 「꽃가루를 만들지 않는 성장이 빠른 묘목」을 선별하였습니다. 그리고 이름을 일반에 공모하여 3,000통 이상의 응모 중 「하루요코이(봄이여 오라)」라는 이름을 붙였습니다.

또한 2005년 이바라키 현의 독립행정법인 임목육종센터가 꽃가루 없는 삼나무를 발견하였습니다. 이 삼나무는 「화분증이 없는 상쾌(爽快)한 봄(春)이 되기를」 기원하는 마음을 담아 「소슌(爽春, 상춘)」이라고 이름 붙여졌습니다.

「하루요코이」와 「소슌」처럼 꽃가루를 만들지 않는 삼나무는 화분증에 고생하는 사람들의 흥미를 끌며, 그 보급이 기대되고 있습니다. 그러나 이러한 삼나무가 자라나, 화분증의 원인이 되는 꽃가루의 비산량(飛散量)이 줄어든다는 실질적인 효과가 나타나기까지는 상당히 오랜 시간이 필요합니다.

왜냐하면 「꽃가루를 만들지 않는」 성질을 가진 삼나무를 늘리기

위해서는 「하루요코이」와 「소슌」으로부터 「꺾꽂이」하는 방식에 의존
해야 하기 때문입니다. 「꺾꽂이」란 눈이 있는 가지를 잘라내 모래나
흙에 꽂아두는 것입니다. 이윽고 꽂힌 가지에서 뿌리가 나오면 나무
가 자라기 시작합니다. 꺾꽂이로 자라는 나무는 꺾꽂이에 사용한 가
지와 똑같은 성질을 가지므로, 꽃가루를 만들지 않는 삼나무로 성장
합니다.

다행히 「하루요코이」의 가지에는 「꺾꽂이했을 때 뿌리를 내는 능
력이 높고 그 후의 성장이 빠르다」는 성질이 있었습니다. 그래도 꺾
꽂이에 의한 증식으로 공급 가능한 묘목의 수는 연간 500그루 정도
라고 합니다.

「하루요코이」와 「소슌」이 화제가 되었을 때 「왜 씨앗이 아닌 꺾꽂
이로 늘리는 것일까」 의아해하는 목소리는 별로 없었습니다. 「꽃가
루가 없으니 씨앗은 생길 수 없다」고 인식되었기 때문일까요. 그런
데 수년 후 이 의문이 현실미를 띠며 대두하게 됩니다.

2009년 2월, 본격적인 화분증의 계절이 시작되려던 시기에 도야
마 현 삼림연구소에서 『무화분 삼나무』를 씨앗으로 늘릴 수 있게 되
었다」라는 발표가 있었습니다. 이 발표에서는 또한 「2014년까지 무
화분 삼나무의 묘목을 2만 그루 출하할 수 있다」라고 하였습니다.

이 보도로 많은 사람이 가진 의문 중 하나가 「꽃가루가 없는 삼나
무의 씨앗을 어떻게 만드는가」 하는 것이었습니다. 삼나무는 꽃가루
를 만드는 수꽃과 씨앗을 만드는 암꽃을 한 그루의 나무에서 따로따
로 피웁니다. 꽃가루가 없다는 말은 수꽃이 꽃가루를 만드는 능력을
잃었다는 뜻입니다.

꽃가루가 나오지 않은 무화분 삼나무(좌)와 꽃가루가 나와 있는 통상의 삼나무 (제공 · 도야마 현 농림수산종합기술센터 삼림연구소)

수꽃이 꽃가루를 만드는 능력을 잃었어도 암꽃에 생식능력이 있으면 씨앗은 생깁니다. 화제가 된 무화분 삼나무의 경우 암꽃에는 생식능력이 남아 있기에, 꽃가루를 만들어내는 삼나무의 꽃가루를 암꽃에 묻히면 씨앗이 생길 수 있는 것입니다. 무화분 삼나무의 암꽃은 아이를 만드는 능력을 가지고 있으며, 꽃가루가 능력을 잃었어도 암술이 가진 어머니로서의 힘은 여전히 건재하다고 할 수 있습니다.

「꽃가루를 만들어내는 삼나무의 꽃가루를 묻히면 무화분 삼나무라도 씨앗이 생긴다」라는 사실을 알고 난 뒤 떠오르는 의문은 「그렇게 생긴 씨앗에서 자라난 삼나무는 과연 『무화분 삼나무』인가」 하는 것입니다. 이 의문은 지당한 것으로서, 새로 생긴 씨앗에서 자라난 삼나무 전부가 무화분 삼나무인 것은 아닙니다.

만약 운 좋게 무화분 삼나무를 만드는 유전자를 가진 삼나무를 골라내, 그 꽃가루를 사용한다 해도 막상 씨앗을 만들면 무화분 삼나무가 태어날 확률은 높아봐야 50퍼센트입니다. 그러므로 무화분 삼나무가 되는 씨앗을 만들기 위해서는 아무 꽃가루나 묻혀도 괜찮은 것이 아닙니다. 가급적 무화분 삼나무를 만드는 유전자를 가진 그루의 꽃가루를 묻혀야 합니다.

그런데 꽃가루를 만들어내는 삼나무가 무화분 삼나무를 만드는 유전자를 가지고 있는지 아닌지는 외견으로 알 수 없습니다. 따라서 씨앗을 만들고 그것을 성장시켜 무화분 삼나무인지 조사하지 않으면 안 됩니다.

이쯤에서「씨앗 상태일 때 무화분 삼나무를 만드는 유전자를 가졌는지 알아내는 방법은 없을까」궁금해질 것입니다.「무화분 삼나무의 씨앗인가, 꽃가루를 만드는 삼나무의 씨앗인가」하는 것을 씨앗 상태일 때 판별할 수 있다면 아무 문제도 없을 것입니다. 하지만 안타깝게도 씨앗 상태에서 판별하는 방법은 없습니다.

그러므로 씨앗을 발아시켜 묘목이 될 때까지 기릅니다.「발아시키고, 묘목이 될 때까지 기르고, 판별은 대체 언제쯤 가능해지는가」하는 의문이 이어집니다. 그러나 발아시켜 묘목이 될 때까지 길러도, 묘목의 모습과 형태를 통해서는 판별할 수 없습니다.

성미가 급한 사람이라면「씨앗으로도 모른다, 묘목이 될 때까지 길러도 모른다. 그럼 어떻게 하면 판별할 수 있는 것인가」대답을 재촉하게 됩니다. 그런 사람에게 있어 심술궂은 답은「묘목이 크게 성장하여 꽃을 피우면 쉽게 판별할 수 있다」는 느긋한 대답이 아닐까 합니다.

이번에는「삼나무 묘목이 성장해서 꽃을 피우기까지 몇 년이 걸리는가」하는 질문이 다그치듯 이어질 것입니다. 「복숭아와 밤은 3년, 감은 8년」이라고 하는 것처럼 씨앗이 발아하고 열매가 열릴 때까지의 연수는 나무마다 대강 정해져 있습니다. 삼나무는 몇 년이 걸릴까요.

삼나무 씨앗이 발아하고 나서 꽃을 피우기까지 15년에서 20년이 걸립니다. 무화분 삼나무인지 아닌지 알 수 없는 삼나무를 그렇게 오랫동안 키우지 않으면 안 되는 것입니다. 「발아시킨 묘목이 무화분 삼나무인지 확인하는 데 그렇게 오랜 시간이 걸리는 것인가」하는 탄식이 들려오는 듯합니다.

동시에 「좀 더 빨리 무화분 삼나무의 묘목만을 골라낼 무언가 좋은 방법은 없을까」하는 의문이 생깁니다. 그 말대로 가능한 한 이른 시기에 무화분 삼나무의 묘목인지 아닌지 선별하는 기술이 필요합니다.

사실 도야마 현 삼림연구소가 『무화분 삼나무』의 씨앗을 만들 수 있게 되었으므로, 2014년까지 무화분 삼나무의 묘목을 2만 그루 출하할 수 있다」라고 발표한 내막에는 그 기술의 개발이 있던 것입니다.

지베렐린이라는 물질을 녹인 용액을 가하면 겨우 2년생 묘목에 꽃이 핍니다. 꽃이 피면 「무화분 삼나무」인지 아닌지 판정할 수 있게 되어 「무화분 삼나무」만을 선별하여 기르는 것이 가능해집니다. 앞으로 무화분 삼나무의 씨앗을 만들어줄 「무화분 삼나무」는 2012년에 「다테야마 모리노카가야키(다테야마(立山) 숲의 반짝임)」라고 명명되었습니다.

지베렐린이라는 물질은 본래라면 꽃을 피우기까지 15년에서 20년이나 걸리는 삼나무가 겨우 2년 만에 꽃을 피우게 하는 "대단한" 작용을 합니다. 이 물질은 일본인이 발견한 것입니다.

벼가 가져온 "대단한" 발견

일본인이 지베렐린이라는 물질을 발견하는 계기가 된 것은 볏모가 논에서 가늘고 길게 자라는 질병에 대한 연구였습니다. 이 병에 걸린 볏모는 키가 비정상적으로 자라 쓰러지기 쉬우며 쌀이 여물지 않고 말라 죽습니다. 설사 이삭이 맺혀도 수확이 나빠「멍청이 모」라든가「바보 모」등 심한 이름으로 불리는 이 질병을「벼키다리병」이라고 합니다.

이 질병의 원인을 농업시험장에서 조사하던 연구자 구로사와 에이이치(黑沢英一)는「이 병에 걸린 볏모에는 반드시 어떤 곰팡이가 감염되어 있다」는 사실을 알아냈습니다. 1926년 그는 그 곰팡이가 만들어내는 물질을 모아 볏모에 주입하였습니다. 그러자 곰팡이에 감염되지 않아도 볏모의 키가 커졌습니다. 즉 곰팡이가 만들어내는 물질이 볏모의 키를 길게 늘인다는 사실을 발견한 것입니다. 그 곰팡이의 이름은「지베렐라」였습니다.

이 연구를 계승한 도쿄제국대학 교수 야부타 데이지로(藪田貞治郎)는 1938년, 곰팡이가 만들어낸 물질로부터 볏모의 키를 길게 늘이는 물질을 순수한 형태로 추출하였습니다. 그 물질은 그것을 만드는 곰팡이의 이름「지베렐라」에서 따와「지베렐린」이라고 이름 붙여졌습니다.

이와 같이 지베렐린은「곰팡이가 만들어내 볏모의 키를 비정상적으로 늘이는 물질」로서 발견되었습니다. 그러나 그 후 많은 식물이 키를 정상적으로 성장시키기 위해 지베렐린을 만들고 있다는 사실이 알려집니다.

식물의 키가 정상적으로 자라기 위해서는 식물의 몸속에서 지베렐린이 정상적으로 만들어져야 합니다. 만약 지베렐린이 만들어지지 않는다면 키가 정상적으로 자라지 않습니다. 예를 들어 완두콩이나 강낭콩에는 덩굴이 쭉쭉 뻗는 품종과 비교하여, 덩굴이 뻗지 않고 키가 작은 「왜성(矮性)」이라 불리는 품종이 있습니다.

그들은 키가 커지는 품종과 비교했을 때 잎의 크기나 장수는 거의 같습니다. 하지만 키가 작아 잘 쓰러지지 않으므로 재배하기 쉽고, 줄기의 성장에 사용하는 에너지가 절약되므로 수확량이 많아집니다. 그래서 왜성 품종을 선호하여 재배합니다.

왜성 식물 대부분은 체내에서 정상적인 양의 지베렐린이 생산되지 않아 키가 자라지 않는 것입니다. 따라서 이러한 왜성 식물에 지베렐린을 가하면 그 효과를 분명히 눈으로 확인할 수 있습니다.

가령 벼와 옥수수에도 키가 작은 품종이 있는데, 이들의 모종에 지베렐린을 가하면 그에 반응하여 자라면서 다른 품종과 키가 비슷해집니다. 지베렐린을 만들지 못했기 때문에 키가 자라지 않았던 것입니다.

지베렐린을 가하는 것과 반대로 지베렐린의 정상적인 생성을 방해하면 줄기가 자라지 않아 키 작은 식물이 됩니다. 원예점 등에서 판매되고 있는 「왜화제(矮化劑)」라 불리는 약제가 지베렐린이 생성되는 것을 방해하는 약제입니다. 그러므로 식물에 왜화제를 가하면 키

작은 식물로 기를 수 있습니다.

　원예점 등에서는 국화와 도라지, 베고니아와 포인세티아 등의 작고 귀여운 화분이 판매되고 있습니다. 그런데 이들을 구입하여 화분에서 꺼내 마당이나 화단 등에 심으면 놀랄 만큼 크게 성장하는 경우가 있습니다.

　보통 이러한 경우 대부분의 사람은 「화분에 심어졌던 식물을 마당이나 화단에 심으면 뿌리를 넓게 뻗을 수 있으니 잘 자라는 거야. 화분에서는 비좁아서 뿌리를 마음껏 뻗을 수 없었겠지」라고 생각합니다. 하지만 화분에서는 귀엽게 성장시키기 위해서 왜화제가 사용되고 있었을 가능성이 있습니다.

　「대나무 숲에서 아이가 아침에 죽순 끝에 모자를 걸어놓고 저녁까지 놀았는데, 돌아갈 때가 되어 봤더니 죽순이 높이 뻗는 바람에 손이 닿지 않게 되어 모자를 잃어버렸다」라는 이야기가 있습니다. 죽순의 성장은 그만큼 빠른 것입니다. 하루에 1미터 이상 자라기도 합니다.

　「왜 죽순은 그렇게 빨리 성장하는가」 궁금증을 유발합니다. 그에 대해 「죽순의 굵기는 지표면에 얼굴을 내밀 때 이미 결정되어 있습니다. 따라서 지상에서 성장할 때는 굵어질 필요 없이 그저 위로 뻗을 뿐입니다. 그러니 빨리 자라는 것입니다」라는 설명이 한 가지 답이 될 것입니다.

　거기에 덧붙여 「죽순은 땅속줄기로 주위 대나무들과 연결되어 있습니다. 『지진이 나면 대나무 숲으로 도망치라』고 할 정도로 대나무 숲의 지하에는 뿌리가 어지럽게 얽혀 있습니다. 그 뿌리를 통해 주위 대나무로부터 죽순이 성장하기 위한 영양이 전해지는 것입니다」라는 것도 답입니다. 한편 「땅속줄기」란 땅 속에서 옆으로 뻗는 줄기를 말합니다.

「스스로 양분을 만들어 자라는 것이 아니라, 양분을 받아 자랄 뿐이니 빨리 자랄 수 있다」고 생각할 수 있습니다. 이는 죽순이 빨리 자라는 중요한 원인입니다. 그러나 양분을 받는다고 해서 그것만으로는 하루에 1미터 이상이나 성장할 수 없습니다.

죽순은 하루에 1미터 이상 성장하기 위해 그 나름의 장치를 가지고 있습니다. 죽순을 세로로 자르면 마디가 잔뜩 보이는데, 그것은 태어날 때부터 이미 만들어져 있던 것입니다.

죽순이 쑥쑥 자랄 때는 각각의 마디와 마디 사이가 함께 자랍니다. 각각의 마디 사이가 한꺼번에 자라면 마디 하나하나의 성장은 그렇게 크지 않더라도 전체적으로는 커다란 성장이 됩니다. 그리고 이처럼 마디와 마디 사이를 성장시키는 것이 지베렐린입니다.

지베렐린은 줄기를 키우는 물질로서 발견되었지만 꽃을 피우는 작용도 합니다. 지베렐린의 이러한 작용이 2년생 삼나무 묘목에 꽃을 피운 것입니다. 이 작용이 눈에 잘 띄는 것은 봄의 채소밭입니다. 겨울의 밭에서는 무와 당근, 배추, 시금치 등이 줄기를 뻗지 않고 지표면 가까운 높이에서 추위를 견딥니다. 그리고 이 식물들 중 수확되지 않고 밭에 남겨진 포기는 봄이 되면 급속히 줄기를 뻗고 꽃을 피웁니다. 동그란 양상추와 양배추 등에서도 줄기가 뻗어 나오고 꽃이 핍니다.

이것이 봄소식을 알리는 「꽃대가 자라는」 현상이며, 이러한 현상을 일으키는 것이 지베렐린입니다. 겨울의 추위가 자극이 되어 이 식물들의 몸속에 지베렐린이 생성되었다가, 따뜻해지면 그렇게 증가한 지베렐린이 줄기를 뻗고 꽃을 피우는 것입니다.

지베렐린이 「꽃대가 자라는」 현상을 정말 일으키는지는 간단한 실험을 통해 확인할 수 있습니다. 겨울의 추위를 가하지 않으면 이 식물들은 봄이 되어도 꽃대가 자라지 않습니다. 지베렐린이 생성되지 않기 때문입니다. 하지만 그런 식물에게 지베렐린을 주입하면 봄처럼 「꽃대가 자라는」 현상이 일어납니다.

여기에서 소개한 것처럼 지베렐린은 벼의 질병을 계기로 발견되었습니다. 그리고 이 물질은 많은 식물에서 여러 가지 작용을 하는 것이 알려져, 세계적으로 유명한 식물호르몬이 되었습니다.

대부분의 「고등학교 생물」 교과서에는 생물학의 발전에 공헌한 세계 연구자들의 리스트가 실려 있습니다. 거기에서 이름이 보이는 일본인은 이질균을 발견한 시가 기요시(志賀潔), 비타민 B를 발견한 스즈키 우메타로(鈴木梅太郎) 등 극히 소수입니다.

그런데 그중에 벼의 질병으로부터 지베렐린을 발견한 구로사와 에이이치, 그 후 곰팡이가 만드는 물질 안에서 지베렐린을 순수한 형태로 추출한 야부타 데이지로의 이름이 있습니다. 지베렐린의 발견은 일본이 세계에 자랑할 만한 과학적 업적 중 하나인 것입니다.

(3) 무리와 연결되는 강한 유대

땅속에 숨어 몸을 지키는 "대단함"

2011년 여름, 어느 기업에서 「일본의 미래를 튼튼하게 하기 위해 필요한 것을 나타내는」 한자 한 글자를 모집하였습니다. 그 결과 2위가 「사랑 애(愛)」, 3위가 「믿을 신(信)」이었습니다. 1위에는 압도적인 표수로 유대를 의미하는 「얽어맬 반(絆)」 자가 뽑혔습니다.

이 말의 어원은 「개나 말을 묶어놓기 위한 밧줄」이었으나, 현재는 「끊을 수 없는 강한 결속」을 의미합니다. 2011년 3월 11일에 일어난 동일본 대지진을 계기로 재인식된 「사람과 사람 사이의 유대의 소중함」을 상징한다고 할 수 있습니다.

그런데 이 「유대」를 꽃말로 갖는 식물이 있습니다. 메꽃입니다. 길가나 들판에 나는 덩굴성 식물로, 일본어명이 「아사가오(朝顔)」인 나팔꽃과 비슷한 모양의 꽃을 낮에 피우기 때문에, 일본에서는 「히루가오(昼顔)」라고 부릅니다. 꽃말이 유대인 이유는 땅속줄기가 땅속으로 뻗어 나가면서 많은 식물이 지하에서 단단히 연결되어 있기 때문입니다. 메꽃뿐만 아니라 땅속줄기를 가진 식물은 많습니다.

고사리와 약모밀, 쇠뜨기 등은 봄부터 여름에 걸쳐 쑥쑥 자랍니다. 그리고 가을에 모습을 감춥니다. 그러면 「시들었다」고 생각하기 쉽습니다. 분명 지상부는 추위 탓에 시들었지만, 이러한 식물들의 경우 지하부는 시들지 않았습니다.

지하에는 땅속을 마치 뿌리처럼 옆으로 길게 뻗어 나간 줄기가 살아 있습니다. 일반적인 식물이라면 줄기는 위로 뻗어 지상으로 나가는 법이지만, 땅속줄기는 지상으로 나가지 않고 땅속에서 뿌리처럼 뻗습니다. 잘 알려진 것은 대나무와 연꽃의 뿌리(연근)지만 고사리와 약모밀, 쇠뜨기 등도 땅속에 땅속줄기가 살아 있는 것입니다.

고사리는 맛있는 산나물의 대표입니다. 하지만 고사리에는 「티아미나아제」와 「프타킬로사이드」 등의 유독한 물질이 함유되어 있습니다. 그래서 초원에 방목되는 소와 말, 양이 야생 고사리를 먹고 중독을 일으키거나 심하면 죽는 경우가 있습니다.

「고사리는 우리도 먹지 않나?」 하고 생각할지도 모르지만, 우리가 고사리를 먹을 때는 반드시 철저하게 「독소 제거」를 합니다. 「독소 제거」란 식물에 함유된 떫은맛이나 아린 맛 등의 성분을 빼내는 것입니다.

고사리의 「독소 제거」 방법은 기본적으로 다음과 같습니다. 냄비에 고사리가 충분히 잠길 정도로 물을 붓고 끓입니다. 고사리를 넣고 뜨거운 물 약 2리터당 1작은술 정도의 비율로 베이킹소다를 첨가합니다. 다시 끓으면 불을 끕니다. 그리고 고사리를 담근 채 하룻밤 두었다가, 새 물로 갈아 잘 씻습니다. 이러한 「독소 제거」를 하면 고사리의 유독 물질은 대부분 제거됩니다. 따라서 「매일 비정상적으로 대량 섭취하지 않는 한 문제는 없다」고 합니다.

고사리는 땅속줄기의 형태로 겨울의 추위를 견딥니다. 봄에 지상에 나와 식용으로 쓰이는 것은 동그랗게 말린 잎 부분입니다. 잎에는 줄기가 달려 있는 것처럼 보이지만, 그것은 줄기가 아닙니다. 잎을 지탱하는 긴 자루로서 「잎자루」라 불리는 것입니다. 줄기는 땅속에 숨은 채로 모습을 보이지 않습니다.

땅속줄기 덕분에 이 식물은 추운 겨울을 날 수 있습니다. 또한 그뿐만 아니라 제초제로부터 몸을 지킬 수도 있습니다. 이 식물은 봄에 산나물로 먹는 사람에게는 사랑받는 반면, 번식력이 왕성하여 미움받는 경우도 많습니다.

그래서 지상부에 제초제를 뿌리는 곳이 많습니다. 그러면 지상부는 시들게 됩니다. 그러나 땅속 깊이 뻗어 있는 땅속줄기는 시들지 않습니다. 제초제는 땅속줄기가 있는 깊이까지 그것을 죽일 만한 농도로 침투하지 못하기 때문입니다.

땅속줄기의 은혜는 여기에서 그치지 않습니다. 고사리는 양치식물입니다. 양치식물은 보통 축축한 응달에서 자라지만, 고사리는 그렇게 습기가 많지 않은 장소에서도 자라납니다. 고사리가 양치식물에게 어울리지 않는 곳에서도 살 수 있는 것은 땅속줄기가 있는 땅속에 수분이 많기 때문입니다.

약모밀은 삼백초과의 식물로 따뜻한 지방에 자생합니다. 습기 찬 마당 한구석이나 길가에서 무리 지어 자라는데, 지하에 있는 줄기가 옆으로 넓게 뻗어 있습니다. 잎은 심장형이며 잎 둘레와 잎자루는 붉은 기를 띱니다.

군생지에는 이 식물의 은은한 향이 감돕니다. 그리고 잎을 비비면 특유의 강한 냄새가 납니다. 이 특유의 악취 탓에 「독이 들어 있다」고 하여 일본에서는 독을 담아두었다는 뜻의 「도쿠타메(毒溜め)」라고 불렀는데, 그것이 일본어명 「도쿠다미」의 유래 중 하나입니다. 이 향의 성분은 「데카노일알데히드」로, 항균과 살균 작용이 있어 벌레들이 싫어합니다.

한편 이 식물은 항균과 살균 작용을 하므로「독을 없앤다」는 의미의「도쿠타메(毒矯め)」라고도 불렸습니다. 이것이 변화하여「도쿠다미」가 되었다는 것이 이름의 또 다른 유래입니다.

잎을 달여 마시는 약모밀차는「동맥경화를 예방하며 이뇨 작용을 한다」고 합니다. 이때의 성분은「쿠에르시트린」등입니다. 더운 여름이 오기 전 5월~7월에 채취한 잎에 이 성분이 많이 함유되어 있습니다.

약모밀은 땅속줄기가 땅속에서 겨울의 추위를 견딥니다. 그런데 사실 약모밀의 땅속줄기는 추운 겨울을 땅속에서 견디고 있는 것만은 아닙니다. 이 식물이 나 있는 장소를 계속 관찰하다 보면 지난해 가을에는 없던 곳에 봄이면 새싹이 돋아나 있습니다. 즉 겨울 동안 땅속줄기가 갈라져서 뻗어 나온 것입니다. 겨울이 춥다고 해도 땅속은 그렇게 춥지 않으므로 이것이 이상한 일은 아닙니다.

또한 땅속의 땅속줄기는 겨울의 추위를 피하기 위한 것만도 아닙니다. 봄부터 가을까지도 땅속에 땅속줄기를 숨긴 채 몸을 보호합니다. 따라서 땅 위의 약모밀을 뜯어도 금세 다시 싹이나 잎이 나옵니다.

그리고 고사리와 마찬가지로 이 식물에도 제초제를 뿌리는 경우가 많아 지상부가 시들기 십상입니다. 하지만 제초제는 땅에 스며들면 농도가 옅어지기 때문에, 땅속에서 양분을 비축하고 깊이 뻗어 있는 땅속줄기는 시들지 않고 생존할 수 있습니다.

쇠뜨기도 땅속줄기로 추운 겨울을 견딥니다. 그리고 봄에 싹이 틉니다. 여름에는 토양이 바싹 마른 곳에서도 자랄 수 있는데, 지상부의 토양은 말라도 땅 속에는 수분이 있기 때문입니다. 땅 속에 있는 땅속줄기 덕분에 더운 여름의 물 부족에도 강한 것입니다.

　지상에는 가는 잎이 빼곡히 우거지지만 그렇게 크지는 않아서 잡아 뽑으면 제초할 수 있을 듯한 인상을 줍니다. 그러나 땅 속의 땅속줄기는 깊은 곳까지 길게 뻗어 있습니다. 그러한 뿌리가 떠받쳐주기에 쇠뜨기는 지상에서 자랄 수 있는 것입니다.

　동물이 땅 위에 나와 있는 부분을 먹어도 땅속줄기까지 먹히지는 않습니다. 그러므로 다시 싹과 잎이 돋아납니다. 또한 인간이 풀을 벤다 해도 땅속 깊이 길게 뻗은 땅속줄기를 전부 뽑을 수는 없으니, 역시 금세 다시 싹과 잎이 나옵니다.

　이처럼 땅속줄기가 지면에서 깊숙한 곳에 있으므로, 지상부를 잡아 뜯기거나 동물에게 먹혀도 죽지는 않습니다. 지상의 쇠뜨기를 제초제로 시들게 만들어도, 양분을 가진 땅속줄기는 땅속 깊은 곳에 살아남습니다. 그래서 쇠뜨기는 근절하기 어려운 「미움받는 식물」취급을 받으면서도 자연 속을 살아올 수 있던 것입니다.

　그런데 최근 도시에서는 쇠뜨기가 점점 자취를 감추면서, 우리가 쉽게 만날 수 있는 친근한 식물이 아니게 되어가고 있습니다. 그래서인지 옛날부터 흔히 알려진 「뱀밥 누구의 아이, ○○○의 아이」라는 말에서 ○○○ 안에 올바른 이름을 넣지 못하는 젊은이가 많아졌습니다. 뱀밥을 모르는 사람도 있을 정도니 당연한 일인지도 모릅니다. 뱀밥을 알고 있는 사람도 「그림이나 사진으로 보았을 뿐 실물은 본 적이 없다」고 하는 사람이 많습니다.

　「○○○은 쇠뜨기입니다」라고 정답을 맞히는 사람도 있습니다. 그러나 「이름은 알고 있지만 진짜로 본 적은 없다」는 경우가 대부분입니다. 쇠뜨기의 일본어명은 「스기나」로서 「삼채(杉菜)」라고 적는데, 여기서 알 수 있듯이 삼(杉)나무 잎을 닮은 식물입니다. 특별히 눈길을 끄는 생김새는 아니라고 할 수 있습니다.

따라서 「쇠뜨기를 본 적이 있다」는 사람에게 「꽃을 본 적이 있는지」 짓궂은 질문을 하면 「꽃은 못 봤다」고 솔직한 대답이 돌아옵니다. 이렇게 대답하면서 「쇠뜨기의 꽃은 어떻게 생겼을까, 꼭 보고 싶다」라고 생각하는 사람이 많은 듯 「쇠뜨기에 꽃이 피기는 하나요?」라고 되묻는 사람이 적지 않습니다. 「쇠뜨기는 양치식물이므로 꽃을 피우지 않는다」는 사실이 잘 알려지지 않았기 때문이기도 할 것입니다.

예전에는 대부분의 사람이 「뱀밥 누구의 아이, 쇠뜨기의 아이」라는 뱀밥과 쇠뜨기의 관계를 알고 있었습니다. 하지만 최근에는 생명력이 강할 터인 쇠뜨기가 우리 주변에서 자취를 감추는 바람에, 봄에 뱀밥이 나오는 장소가 점점 줄어들고 있습니다.

쇠뜨기가 도시에서 점점 모습을 감추는 것은 우리 인간의 소행입니다. 빌딩을 건설하기 위해, 또는 고속도로의 교각을 세우기 위해 굴착기로 쇠뜨기의 땅속줄기가 있는 깊이 이상으로 흙을 파내는 것입니다. 아무리 땅 속에서 추위와 제초제로부터 몸을 지켜왔던 쇠뜨기라도 여기에는 견딜 수 없습니다.

교외에 나가면 바지런히 자리 잡고 사는 쇠뜨기를 볼 수 있습니다. 그럴 때마다 「지금 우리가 사라져도 인간의 생활에는 아무런 영향이 없겠지, 그렇지만 오랜 기간 함께 살아왔던 우리가 왜 지금 모습을 감춰야만 하는 걸까, 우리가 자취를 감추는 것이 무엇을 의미하는지 생각했으면 좋겠다」라고 호소하는 듯한 기분이 듭니다. 그

호소에 귀를 기울여 우리는 최근 이루어지는 개발에 대해 반성할 필요가 있습니다.

이 식물의 영어명은 「호스테일」로, 「말의 꼬리」라는 의미입니다. 그 독특한 모습에 옛날 사람들도 친근감을 느껴 익살스러운 이름을 붙였을 것입니다. 이들이 우리 이웃에서 언제까지나 함께 살아주었으면 합니다.

영국에서 미움받는 "대단함"

외국에서 일본으로 옮겨와 일본의 기후와 토양에 적응하여 살아가는 식물을 「귀화식물(歸化植物)」이라고 부릅니다. 이국의 땅에 이주한 운명을 극복하고 익숙지 않은 풍토에 적응하며 열심히 살아 자손을 남기는 식물들입니다.

그러나 이러한 식물들은 번식력이 왕성하여 일본 고유의 생태계를 어지럽히기 때문에 미움을 받기 십상입니다. 봄에 꽃 피는 서양민들레, 가을에 꽃 피는 양미역취 등이 일본의 생활에 융화되려는 대표적인 귀화식물입니다.

반대로 일본에서 외국으로 건너가 외국에서 「귀화식물」이 된 식물도 있습니다. 그중 하나가 「호장근(虎杖根)」입니다. 호장근은 마디풀과의 식물로 일본에서는 전국의 공터와 산지 등 어디에서나 자생합니다.

영국에서는 「재퍼니즈노트위드」라 불립니다. 재퍼니즈는 「일본의」라는 의미이고, 노트는 「옹이」, 위드는 「풀」입니다. 그러므로 요컨대 「일본의 옹이투성이 풀」이라고 할 수 있습니다.

이 식물은 여름에 작고 하얀 꽃을 잔뜩 무리 지어 피우는데 제법 아름답습니다. 그 아름다움이 에도 시대 나가사키에 거주하던 독일인 의사 지볼트의 마음을 사로잡았습니다. 그래서 그는 이 식물을 관상용으로 유럽에 가져간 것입니다.

일본에서는 우리 주변에서 땅속줄기를 넓게 펼치며 살아가는 번식력 왕성한 식물입니다. 지상에 올라온 부분을 베어도 땅속줄기에서 금방 다시 싹이 나옵니다. 또한 겨울의 추위를 땅속줄기로 견디고 봄에 싹을 틔웁니다. 제초제로 박멸하려 해도 땅속줄기는 땅 속에 있으므로 시들지 않습니다. 때문에 근절하기가 어려운 식물입니다.

어찌할 도리가 없어 우리는 포기하고 옛날부터 이 식물과 사이좋게 지내왔습니다. 가령 이 식물의 잎을 주물러 긁힌 상처에 바르면 아픔이 가신다고 하여 그 효과를 이용하기도 하였습니다. 그것이 아픔을 없앤다는 뜻을 가진 일본어명 「이타도리(痛取)」의 유래입니다.

또한 이 식물에 애착도 가졌습니다. 많은 사람이 어린 시절 이 식물의 줄기를 씹어 먹어본 경험이 있을 것입니다. 줄기는 속이 비어 있으며, 씹으면 시큼하고(일본어로 슷파이) 꺾으면 「퐁(일본어로 포콘)」 하는 소리가 납니다. 그래서 「스칸포」라 부르기도 합니다.

호장근은 영국에서도 왕성한 번식력을 발휘하고 있습니다. 공터를 가득 메우며 도로포장을 뚫고 성장합니다. 따라서 제초와 도로 보수에 많은 비용이 들어 성가신 취급을 받습니다.

이 풀이 본래 번식하던 일본에는 천적인 「알락나무이」가 있습니다. 2010년 영국 정부는 호장근을 퇴치하기 위해 이 벌레를 일본에서 영국으로 반입하기로 하였습니다.

앞으로 호장근은 영국에서 오랜 천적을 만나 그리운 싸움을 재개

할 것입니다. 영국 정부의 의도는 어쨌든 호장근이 「싸움을 즐기며 힘껏 살아주었으면」 합니다.

아이를 낳는 잎의 "대단함"

「마더리프」라는 말을 들어본 적이 있나요. 「마더」는 어머니이고 「리프」는 잎입니다. 따라서 「마더리프」란 「어머니가 되는 잎」을 말하는데 잎이 아이를 낳는 기묘한 식물입니다. 이런 식물이 과연 존재할까요.

「마더리프」라 불리는 것은 실론변경초라는 식물로, 열대 지방에 널리 분포하는 돌나물과 식물입니다. 일본에서는 오가사와라 제도(小笠原諸島, 도쿄에서 남쪽으로 약 1,000킬로미터 떨어진 군도-역자 주)와 난세이 제도(南西諸島, 규슈 남쪽에서 타이완 동쪽까지 뻗은 군도-역자 주)에 자생한다고 알려져 있으며 통판 등으로 입수가 가능합니다. 이 식물을 손에 넣어 재배해보면 잎이 어머니가 되어 아이 잎을 낳는다는 「마더리프」의 의미를 실감할 수 있습니다.

이 식물의 잎을 한 장 떼어 물이 든 접시에 띄우듯 넣어둡니다. 그러면 열흘이 채 되기 전에 잎 둘레에 있는 많은 톱니 모양 결각(欠刻) 중 몇 군데로부터 싹과 뿌리가 나옵니다. 촉촉한 흙 위에 잎을 한

잎에서 싹이 나오는 실론변경초 (촬영 · 다나카 오사무)

장 올려놓아도 역시 결각에서 싹과 뿌리가 나옵니다.

이 싹은 이윽고 잎을 만들어냅니다. 그러므로 새로 싹이 트는 것이나 마찬가지입니다. 이 싹을 심으면 물론 식물로서 성장합니다. 결국 잎 둘레에 있는 각각의 결각마다 새로운 식물을 만들어내는 능력이 있는 것입니다. 잎에서 싹이 나온다고 하여 일본에서는 「하카라메(葉から芽, 잎에서 싹)」라는 이름으로 부르기도 합니다.

실론변경초와 마찬가지로 「하카라메」라고 불리는 「만손초」라는 식물이 있습니다. 이 식물도 잎 가장가리에 있는 많은 결각에서 싹이 나옵니다. 다만 실론변경초는 잎을 식물체로부터 분리해야 싹이 나오지만, 만손초는 식물체에 달려 있는 상태로 잇달아 싹이 나옵니다.

실론변경초와 만손초의 싹은 모두 부모에게서 직접 태어난 것들입니다. 따라서 새로 나온 싹은 부모와 완전히 똑같은 성질을 가지고 있습니다. 또한 거기에서 자라난 식물도 부모와 성질이 동일합니다.

이 식물은 꽃을 피웁니다. 그러니 꽃을 피우고 다른 포기의 꽃과 꽃가루를 주고받아 다양한 성질을 지닌 아이를 만드는 소중함을 알고 있을 것이 틀림없습니다. 하지만 그래도 같은 성질을 지닌 아이라면 언제든 만들어낼 수 있는 대단한 능력을 가진 것입니다.

맺음말

　우리는 식물을 오감으로 느낍니다. 시각으로 새싹을 「귀엽다」고 느끼며, 피어난 꽃들을 「아름답다」고 바라봅니다. 후각으로는 꽃향기를 「좋은 냄새」라고 느끼고, 허브 등의 향기를 즐기기도 합니다. 촉각으로는 풀줄기와 나무줄기, 잎과 꽃을 만져보고 「부드럽다」, 「단단하다」, 「매끈하다」 등을 느낍니다. 미각으로는 채소와 과일을 「맛있다」, 「달콤하다」, 「신맛이 난다」 등으로 맛봅니다. 청각으로는 잎이 「바람에 스치는」 소리나 바스락바스락 소리를 내며 바람에 굴러가는 낙엽을 느낍니다.

　오감으로 식물을 느낄 때면 기분 나쁜 경험을 하는 경우도 있습니다. 고약한 냄새와 아픈 가시, 좋아하지 않는 맛 등을 만나는 것입니다. 그래도 대부분의 경우 우리는 진심으로 식물들에게 화를 내지는 않습니다. 왜냐하면 오감으로 느낀 식물들을 제대로 "음미하는" 것은 "마음"이기 때문입니다.

　마음으로 음미하면 식물에게 불쾌함을 느끼는 일은 거의 없어집니다. 잎과 꽃의 색을 통해 온화한 마음을 기르고, 새순이 쑥쑥 돋아나는 모습을 통해 활기찬 기운을 얻습니다. 또한 꽃이 피고 열매 맺는 모습에 기쁨을 느낍니다.

　가을에 시들어가는 잎은 쓸쓸하지만, 대부분의 식물은 따뜻한 봄이 오면 다시 움트고 꽃을 피워줍니다. 그런 식으로 매년 되풀이되는 식물들의 평온한 삶과 일상에서 우리는 마음의 치유를 얻는 것입니다.

마음으로 음미하는 식물의 존재는 우리 마음에 양분이 됩니다. 그렇기에 예로부터 사람들은 식물을 주제로 시가를 읊고 동요를 흥얼거리며 또한 그림을 그려 식물과 함께 생활해왔습니다.

우리에게 식물의 존재란 그것으로 충분한지도 모릅니다. 하지만 필자는 오감으로 느끼고 마음으로 음미한 다음, 한 걸음 더 나아가 「식물들의 생활방식에 눈을 돌려주었으면 좋겠다」고 생각합니다. 그렇게 하면 오감으로 느끼고 마음으로 음미하는 것만으로는 알지 못했던 식물들의 슬기로움, 살아가기 위한 교묘한 방식, 역경에 견디기 위한 노력 등 식물들의 진정한 "대단함"을 만날 수 있게 됩니다.

식물들이 우리와 같은 구조로 살아가며 같은 고민을 안고 그 고민을 해결하기 위해 힘껏 노력하는 모습을 깨닫는 것입니다. 그러면 화초와 수목, 곡식과 채소와 과일, 절화와 생화, 수풀과 삼림, 산이 마치 말을 걸어오는 것처럼 느껴질 것입니다. 또한 식물들도 우리와 같은 생명체로서 더불어 살고 있다는 사실을 실감할 수 있습니다.

이러한 마음은 「식물과의 공존·공생의 시대」라고 일컬어지는 21세기를 풍요롭게 살아가기 위한 훌륭한 양식이 됩니다. 필자는 이 책이 「식물들의 생활방식에 눈을 돌리기」까지 흥미를 끌어주는 「계기」가 되기를 바랍니다.

원고를 읽어주시고 귀중한 의견을 주신 농업·식품산업기술종합연구기구 축산초지연구소의 다카하시 와타루(高橋亘) 박사님, 고난(甲南)고등학교·중학교의 히라타 레오 선생님께 진심으로 감사를 표합니다.

참고문헌

A. C. Leopold & P. E. Kriedemann, Plant Growth and Development, 2nd ed., McGraw—Hill Book Company, 1975

A. W. Galston, Life processes of plants, Scientific American Library, 1994

G. A. Strafford (시바타 만넨 역)『식물생리요론(植物生理要論)』교리쓰숫판 1975

P. F. Wareing & I. D. J. Philips (후루야 마사키 감역)『식물의 성장과 분화(植物の成長と分化)』상 · 하 학회출판센터 1983

R. J. Downs & H. Hellmers (고니시 미치오 역)『환경과 식물의 생장제어(環境と植物の生長制御)』학회출판센터 1978

데이비드 애튼버러 (가도타 유이치 감역, 데즈카 이사오 · 고보리 다미에 역)『식물의 사생활(植物の私生活)』야마토케이코쿠샤 1998

시바오카 히로오 편집『생장과 분화(生長と分化)』아사쿠라쇼텐 1990

다키모토 아쓰시『빛과 식물(ひかりと植物)』다이닛폰토쇼 1973

다구치 료헤이『식물생리학대요(植物生理学大要)』요켄도 1964

다나카 오사무『신록의 속삭임(緑のつぶやき)』세이잔샤 1998

다나카 오사무『꽃봉오리들의 생애(つぼみたちの生涯)』주코신서 2000

다나카 오사무『신기한 식물학(ふしぎの植物学)』주코신서 2003

다나카 오사무『퀴즈 식물 입문(クイズ植物入門)』고단샤 블루백스 2005

다나카 오사무『입문 즐거운 식물학(入門たのしい植物学)』고단샤 블루백스 2007

다나카 오사무『잡초의 이야기(雜草のはなし)』주코신서 2007

다나카 오사무『잎의 신비(葉っぱのふしぎ)』소프트뱅크 크리에이티브 사이언스아이 신서 2008

다나카 오사무『도시의 꽃과 나무(都会の花と木)』주코신서 2009

다나카 오사무『꽃의 신비 100(花のふしぎ100)』소프트뱅크 크리에이티브 사이언스아이 신서 2009

다나카 오사무 감수, ABC라디오「좋은 아침 진행자 도조 요조입니다」편집『놀라움?과 발견! 꽃과 신록의 신비(おどろき?と発見!の花と緑のふしぎ)』고베신문종합출판센터 2008

비트 다케시·하시모토 슈지·다나카 오사무·우에다 게이스케·무라마쓰 데루오·가이후 노리오·나카고메 야스오·후나야마 신지·도미다 유키미쓰·요시무라 진·아리타 마사미쓰『공룡은 무지개 색이었나?(恐竜は虹色だったか?)』신초샤 2008

후루야 마사키『식물의 생명상(植物的生命像)』고단샤 블루백스 1990

후루야 마사키『식물은 무엇을 보고 있는가(植物は何を見ているか)』이와나미 주니어 신서 2002

마스다 요시오『식물생리학(植物生理学)』개정판 바이후칸 1988

마스다 요시오·기쿠야마 무네히로 편저『식물생리학(植物生理学)』방송대학교육진흥회 1996

미야치 시게토 편집『광합성(光合成)』아사쿠라쇼텐 1992

NHK라디오센터「어린이 과학 전화상담」제작반 편집『부모와 함께 배우는! 과학 재미있는 Q&A(親子でわかる！科学おもしろQ&A)』NHK출판 2008

식물은 대단하다

초판 1쇄 인쇄 2016년 11월 20일
초판 1쇄 발행 2016년 11월 25일

저자 : 다나카 오사무
번역 : 남지연

펴낸이 : 이동섭
편집 : 이민규, 김진영
디자인 : 이은영, 이경진, 백승주
영업 · 마케팅 : 송정환, 안진우
e-BOOK : 홍인표, 김효연
관리 : 이윤미

㈜에이케이커뮤니케이션즈
등록 1996년 7월 9일(제302-1996-00026호)
주소 : 04002 서울 마포구 동교로 17안길 28, 2층
TEL : 02-702-7963~5 FAX : 02-702-7988
http://www.amusementkorea.co.kr

ISBN 979-11-274-0335-5 03480

이 도서의 국립중앙도서관 출판예정도서목록(CIP)은
서지정보유통지원시스템 홈페이지(http://seoji.nl.go.kr)와
국가자료공동목록시스템(http://www.nl.go.kr/kolisnet)에서 이용하실 수 있습니다.
(CIP제어번호: CIP2016025222)

*잘못된 책은 구입한 곳에서 무료로 바꿔드립니다.